GIS-T 空间数据组织与管理

SPATIAL DATA ORGANIZATION AND
MANAGEMENT FOR GIS-T

蔡先华　张　远　著

东南大学出版社
SOUTHEAST UNIVERSITY PRESS
·南京·

内容提要

本书就交通地理信息系统(GIS-T)中,最密切相关的空间数据组织与管理相关理论与技术进行阐述,主要内容包括:交通系统及交通系统的信息化、空间数据库管理理论及数据模型、面向交通要素的多维时空数据模型——TFODM、综合交通网络模型、GIS-T空间数据库应用技术等。

本书以GIS-T空间数据库理论基础分析、核心理论技术研究、应用系统开发为主线,形成一个完整的从理论到应用的研究整体。

本书可为地理信息科学专业、交通工程专业等相关专业的科技人员提供参考。

图书在版编目(CIP)数据

GIS-T空间数据组织与管理 / 蔡先华,张远著. — 南京 : 东南大学出版社, 2021.1

ISBN 978-7-5641-8835-1

Ⅰ. ①G… Ⅱ. ①蔡… ②张… Ⅲ. ①地理信息系统-数据处理-研究 Ⅳ. ①P208

中国版本图书馆CIP数据核字(2020)第027456号

GIS-T空间数据组织与管理

著　　者	蔡先华　张　远
出版发行	东南大学出版社
出 版 人	江建中
社　　址	南京市四牌楼2号(邮编:210096)
责任编辑	夏莉莉
经　　销	新华书店
印　　刷	江苏凤凰数码印务有限公司
开　　本	787 mm×1092 mm　1/16
印　　张	8.25
字　　数	198千字
书　　号	ISBN 978-7-5641-8835-1
版　　次	2021年1月第1版
印　　次	2021年1月第1次印刷
定　　价	38.00元

前　言

交通拥挤和交通事故越来越严重地困扰着世界各国，利用先进的科学技术解决这一问题的重大社会、经济意义已为人们所共识。交通是地理信息系统(GIS)的一个重要应用领域，由于其空间特征和应用的独特性，将 GIS 在交通中的应用强化为一个专用名词——交通地理信息系统(GIS-T)。

本专著是在国家“十五”重点科技攻关计划“智能交通系统关键技术研究”子课题之一“面向 ITS 的交通规划与交通分析软件开发”、江苏省交通科学研究计划项目“公路交通信息、基础地理信息空间数据库管理及应用技术研究”、国家自然科学基金(41571375，51638004)等项目资助下取得的研究成果之一，系统研究了 GIS-T 空间数据库管理与应用的关键技术。

本专著共分为七章：第一章绪论，第二章交通系统及交通信息管理技术，第三章空间数据库，第四章 GIS－T 空间数据库管理理论与技术，第五章 TFODM 时态模型，第六章 GIS－T 空间数据库管理系统应用技术，第七章道路交通综合信息应用系统开发。

由于研究内容的复杂性、研究时间和作者水平有限，书中难免存在不足、不妥之处，敬请读者提出宝贵意见。感谢帮助和关心过我们的所有老师、同事、同学和朋友们。

目　录

第一章　绪　论

1.1　概述

交通拥挤和交通事故越来越严重地困扰着世界各国，利用先进的科学技术解决这一问题的重大社会、经济意义已为人们所共识。现代交通产生了海量的交通信息，如随着城市道路网和服务设施数据采集的逐步精细，城市交通数据量急剧增加，高德地图在 2018 年提供的全国导航数据容量解压后已经达 11.2 GB。交通信息涉及各种各样的数据，除了具有信息量大、动态、不确定、复杂、非线性、时变等特征外，还具有明显的空间特征。现代交通产生的浩如烟海的数据，必须借助先进的技术进行数据采集、存储、分析和决策。我国各地都花费了大量的人力、物力用于各种交通调查，建立综合交通信息数据库(交通信息数据库、交通地理信息空间数据库)与交通相关的管理信息系统。这些数据和信息系统有的是基于数据库技术，有的是基于地理信息系统(Geographic Information System，简称 GIS)技术。然而，由于多方面的原因，这些宝贵的数据并没有得到充分应用。科学的管理及广泛地运用这些数据库数据、快速地提取面向某一具体任务的信息，把从交通相关数据中提取的信息用于交通规划、建设和管理是一项非常有意义的研究工作。

交通系统具有明显的地域特征，是地理信息科学研究的一个重要范畴。目前，还没形成一套完整的交通信息、交通基础地理信息数据管理与应用理论体系。运用先进的计算机理论与技术、地理信息系统理论与技术、空间数据库管理与应用技术，研究交通信息、交通基础地理信息空间数据管理与应用理论体系，研究交通信息、交通基础地理信息可视化技术、基于 GIS 的交通规划建设与管理技术，面向交通建设现代化，实现交通系统规划、建设与管理的一体化，对解决交通拥挤问题有着十分重要的意义。

如何描述细致真实的道路特征、表达复杂的交通现象、提供快速准确的路径规划等，成为交通领域迫切需要解决的关键科学问题。过去 50 年来，交通网络模型已成为交通地理信息系统(GIS-T)的研究热点，国内外学者开展了大量的研究，从 Node-Arc 模型到线性参考模型，以及近年来车道模型、3D 路网模型和时空路网模型，这些模型一般面向单一类型的交通网络和特定的应用，部分模型已经成功集成到了商业软件中，在生产和实践中发挥着重要的作用。

GIS-T 空间数据库管理与应用技术的研究将促进交通管理的自动化和智能化。面向城乡一体化的交通信息及交通基础地理信息数据模型的研究将进一步推动城乡交通管理的一体化，为城乡一体数字交通的建设提供技术基础。道路是多模式交通系统的基础网络，具有多层次特征，在数据表达和交通分析中对其有多尺度的需求，如何对道路网络要素进行合理高效的组织，使其满足交通系统规划、设计、管理与政策制定中，宏观、中观和微观交通分析需求，是交通系统分析和应用的迫切需求。

1.2 地理信息系统

地理信息系统是地学研究领域最为热门的分支之一。它是在计算机软件和硬件的支持下，运用系统工程和信息科学的理论，科学管理和综合分析具有空间内涵的地理数据，以提供对规划、管理、决策和研究所需信息的技术系统。简单地说，地理信息系统是综合处理和分析空间数据的一种技术系统。

作为一种计算机技术系统的 GIS 由计算机硬件、软件、数据、空间分析和用户组成，如图 1-1 所示。计算机硬件包括各种计算机及相关数据处理设备和网络设备。软件是支持信息采集、处理、存储管理和视觉化处理的计算机程序。数据包括图形和非图形数据、定性和定量数据、影像数据及多媒体数据等。空间分析是 GIS 的核心功能，通过软件完成数据操作描述。GIS 中的用户是 GIS 使用和服务的对象。

GIS 中的数据是与位置相关的空间数据，存储在空间数据库中。空间数据库是应用于空间数据处理与信息分析领域的一种数据库，管理的对象包括空间数据和非空间数据。

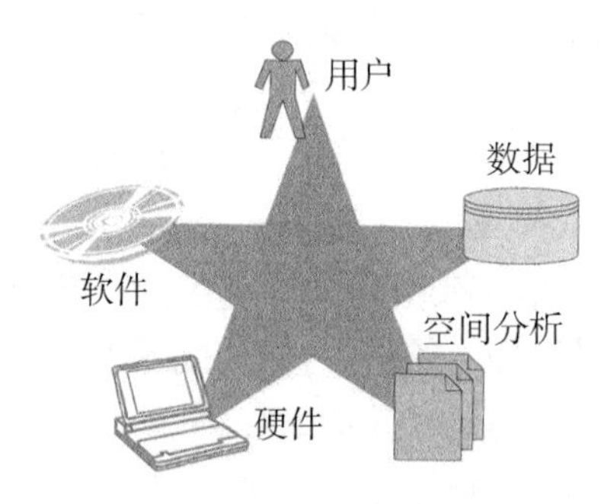

图 1-1 地理信息系统的组成

1.2.1 地理信息系统的特征

与一般的管理信息系统相比，GIS 具有以下特征：

(1) GIS 管理的数据库是包含属性数据和几何数据的空间数据库。管理信息系统只有属性数据库，有些系统中可能存储了图形、图像，但往往以文件等形式存储，不能进行有关空间数据的操作，如空间查询、检索、相邻分析等，更无法进行复杂的空间分析。GIS 在分析处理问题时使用了空间数据与属性数据，并通过数据库管理系统将两者联系在一起共同管理、分析和应用，从而提供了认识地理现象的一种新的思维方法。GIS 不仅可以进行有关空间数据如空间查询、检索、相邻分析等空间操作，而且可进行复杂的空间分析。

(2) GIS 强调空间分析，通过利用空间解析式模型来分析空间数据，GIS 的成功应用依赖于空间分析模型的研究与设计。

(3) GIS 的成功应用不仅取决于技术体系，而且依靠一定的组织体系(包括实施组成、系统管理员、技术操作员、系统开发设计者等)。

(4) 虽然信息技术对 GIS 的发展起着重要的作用，但是，实践证明，人的因素在 GIS 的发展过程中越来越具有重要的影响作用，GIS 许多的应用问题已经超出技术领域的范畴。

1.2.2 地理信息系统的功能

作为对地理信息进行自动处理与分析的计算机技术系统，GIS的功能覆盖数据采集—分析—决策应用的全部过程，并可回答和解决以下五类问题：

(1) 位置，即在某个地方有什么的问题。位置可表示为地名、邮政编码、地理坐标等。

(2) 条件，即符合某些条件的实体。例如在某个地区寻找面积不小于1 000 m^2、不被植被覆盖、地下条件适合建大型建筑的区域。

(3) 趋势，即某个地方发生的某个事件及其随时间的变化过程。

(4) 模式，即某个地方存在的空间实体分布模式的问题。模式分析揭示了地理实体之间的空间关系。

(5) 模拟，即某个地方如果具备某种条件会发生什么的问题。GIS的模拟是基于模型的分析，如根据交通流变化模型，在GIS中以视觉化的方式模拟城市中交通流的变化过程。

由于GIS发展的多源性，其功能具有可扩充性以及应用的广泛性。Mauguire等按照GIS中数据流程，将GIS的功能分为以下5类10种：① 采集、检验、编辑；② 格式化、转换、概化；③ 存储、组织；④ 分析；⑤ 显示。在分析功能中，把空间分析与模型分析功能称为GIS高级功能。

1.2.2.1 GIS的基本功能

GIS的基本功能框架如图1-2所示，主要包括：数据采集、检验与编辑，数据格式化、转换、概化，数据的存储与组织，查询、检索、统计、计算功能，空间分析，显示输出。

① 数据采集、检验与编辑。主要用于获取数据，保证GIS数据库中的数据在内容与空间上的完整性(即所谓的无隙数据库，Seamless Database)、数据值逻辑一致、无错等。一般而论，GIS数据库的建设占整个系统建设投资的70%或更多，并且这种比例在近年来也没有明显的改变。为此，信息共享与自动化数据输入成为GIS研究的重要内容。目前可用于GIS数据采集的方法与技术很多，有些仅用于地理信息系统，如手扶跟踪数字化仪，而自动化扫描输入与遥感数据的集成最为人们所关注。扫描技术的应用与改进是一个富有挑战性的问题，扫描数据的自动化编辑与处理仍是GIS处理技术研究的一个热点。

② 数据格式化、转换、概化，通常称为数据操作。数据的格式化是指不同数据结构的数据间的变换，是一种耗时、易错、需要大量计算的工作。

数据转换包括数据格式转化、数据比例尺的变换。在数据格式转化方式上，矢量到栅格的转换要比其逆运算快速、简单。数据比例尺的变换涉及数据比例尺缩放、平移、旋转等方面，其中最为重要的是投影变换。许多软件系统都对常见的投影进行定义，如ArcGIS定义了几十种投影方式。由于我国多采用高斯-克吕格投影，而这种投影在一般的地理信息系统中未给予定义，因此在使用一些软件时，需要重新定义高斯-克吕格投影及与其他投影的变换关系。

数据概化包括数据平滑、特征集结等。目前地理信息系统所提供的数据概化功能极弱，与地图综合的要求还有很大差距，需要进一步发展。

③ 数据的存储与组织。这是一个数据集成的过程，也是建立GIS数据库的关键步骤，涉及空间数据和属性数据的组织。栅格模型、矢量模型或栅格/矢量混合模型是常用的空间数据组织方法。空间数据结构的选择在一定程度上决定了系统所能执行的数据与分析的功

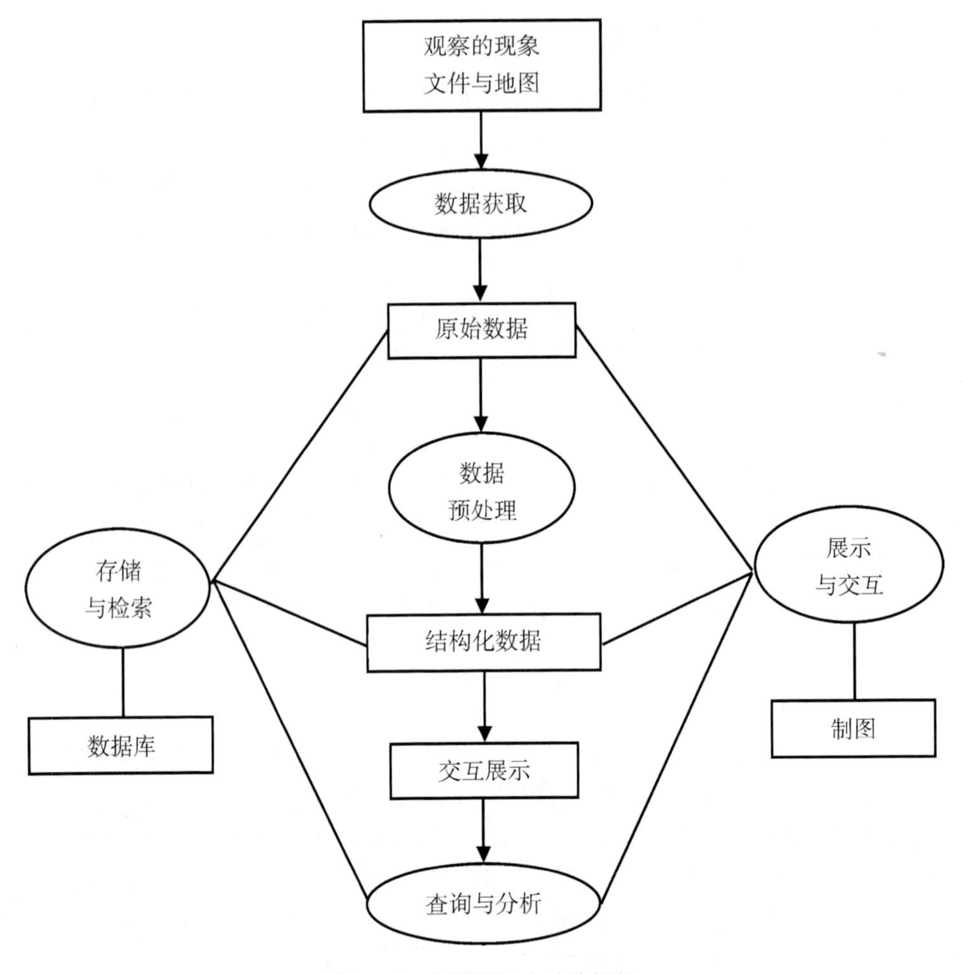

图 1-2　GIS 的基本功能框架

能。混合型数据结构利用了矢量与栅格数据结构的优点，为许多成功的 GIS 软件所采用。目前，属性数据的组织方式有层次结构、网络结构与关系型数据库管理系统等，其中关系型数据库系统是目前最为广泛应用的数据库系统。

在地理数据组织与管理中，最为关键的是如何将空间数据与属性数据融合为一体。有些现行系统将二者分开存储，通过公共项（一般定义为地物标识码）来连接。这种组织方式的缺点是无法有效地记录地物在时间域上的变化属性，数据的定义与数据操作相分离。目前，时域地理信息系统（Temporary GIS）、面向对象数据库（Object-oriented Database）的设计都在努力解决这些根本性的问题。

④ 查询、检索、统计、计算。查询、检索、统计、计算是 GIS 以及许多其他自动化地理数据处理系统应具备的最基本的分析功能。

⑤ 空间分析是 GIS 的核心功能，也是 GIS 与其他计算机系统的根本区别。模型分析意指在 GIS 支持下，分析和解决问题的方法，它是 GIS 应用深化的重要标志。

⑥ 显示输出。GIS 为用户提供了许多用于显示地理数据的工具，其表达形式既可以是计算机屏幕显示，也可以是诸如报告、表格、地图等硬拷贝图件，尤其要强调的是 GIS 的地图输出功能。一个好的 GIS 应能提供一种良好的、交互式的制图环境，以供 GIS 的使用者能够

设计和制作出高品质的地图。

1.2.2.2 空间分析与模型分析功能

空间分析在地理学研究中有着悠久的历史与传统，数学概念与方法的引入，并从统计方法扩展到运筹学、拓扑学等方法的应用，进一步促进了其定量分析的能力，GIS 的空间分析功能可用于分析和解释地理特征间的相互关系及空间模式。因此，根本的问题不在于什么是空间分析，而是说明空间分析方法中哪些是 GIS 能够实现的，GIS 的应用是否能真正地改进空间分析能力。

在大量 GIS 应用成功的案例中，大多是描述 GIS 如何改进基本的地图制图、土地信息管理及相关现象的分析等，唯一缺少的是对空间特征间关系的描述。因此，应更多地关注 GIS 空间分析问题的研究，尤其是加强环境空间模拟模型的研究。这不仅是地理学家的责任，也是许多其他学科，诸如环境学科以及公共决策分析家的任务。

GIS 的空间分析可分为三个不同的层次。

① 空间检索。包括从空间位置检索空间物体及其属性和从属性条件集检索空间物体。空间索引是空间检索的关键技术，如何有效地从大型的 GIS 数据库中检索出所需信息，将影响 GIS 的分析能力。另一方面，空间物体的图形表达也是空间检索的重要部分。

② 空间拓扑叠加分析。空间拓扑叠加实现了输入特征属性的合并以及特征属性在空间上的连接。空间拓扑叠加本质是空间意义上的布尔运算。目前，空间拓扑叠加被许多人认为是 GIS 中独特的空间分析功能。有一点需要指出，矢量系统的空间拓扑叠加需要进行大量的几何运算，并会在叠加过程中产生许多小而无用的伪多边形（Silver Polygon），其属性组合不合理，伪多边形的产生是多边形矢量叠加的主要问题。

③ 空间模拟分析。空间模拟分析刚刚起步，目前多数研究工作着重于如何将 GIS 与空间模型分析相结合。其研究可分三类，一类是 GIS 外部的空间模型分析，将 GIS 当作一个通用的空间数据库，而空间模型分析功能则借助于其他软件；第二类是 GIS 内部的空间模型分析，试图利用 GIS 软件来提供空间分析模块以及发展适用于问题解决模型的宏语言，这种方法一般基于空间分析的复杂性与多样性，易于理解和应用，但由于 GIS 软件所能提供空间分析功能极为有限，这种紧密结合的空间模型分析方法在实际 GIS 的设计中较少使用；第三类是混合型的空间模型分析，其宗旨在于尽可能地利用 GIS 所提供的功能，同时也充分发挥 GIS 使用者的能动性。

1.3 交通地理信息系统发展及研究现状

交通是 GIS 的一个重要应用领域，由于其空间特征和应用的独特性，将 GIS 在交通中的应用强化为一个专用名词——GIS-T（交通地理信息系统，Geographic Information System for Transportation）。GIS-T 是一种专题地理信息系统，是将 GIS 用于交通方面的一种综合技术（李元军，1993；萧世伦，1996；陆锋，1999）。一般认为，GIS-T 是在传统 GIS 基础上，加入几何空间网络概念、线性参照和动态分段等技术，并配以专门的交通建模方法而组成的专门系统。

GIS-T 已成为 GIS 应用的一个热门发展方向。GIS 在交通方面的应用主要有如下几个方面：

(1) 交通运输网络规划

交通规划是对区域和城市交通系统的预测和优化研究，从公开发表的论文分析，GIS 技术可用在交通规划中的路网选线，网络交通量预测、交通量分布、交通量分配等方面。

(2) 交通安全

GIS 的空间信息可视化功能可以实现对各种事故的空间定位及事件描述，在地图上直观形象地反映事件发生地点、性质和原因，为交通突发事件的应急处理提供有力的决策与辅助决策支持。更进一步地，通过统计交通事故的历史数据，运用 GIS 特有的空间分析功能，可以找出容易发生交通事故的区域范围，找出事故多发地段，根据道路条件预测事故发生的区域、路段，方便交通管理者进行交通安全分析。

(3) 车辆诱导

基于 GIS 和全球导航卫星系统(Global Navigation Satellite System，GNSS)已开始应用于飞机、汽车、轮船等交通工具中，根据 GNSS 所提供的空间位置，可以直观地为驾驶人员提供道路、停车设施、道路属性、购物及游览信息。北斗卫星导航系统是我国为满足国家安全和经济社会发展需要，自主建设、独立运行的卫星导航系统，为全球的用户提供全天候、全天时、高精度的定位和导航等服务。不少城市已建有 110、119、120 等 GIS 导航系统，为警车、救火车、救护车处理应急事件提供服务。

(4) 道路设施管理

GIS 技术可以直观地反映道路设施的基本状况，反映道路的空间分布。路面养护管理信息系统(Pavement Management System，PMS)是基于 GIS 的管理系统，是集系统分析、工程经济、专家预测、公路养护及计算机技术等为一体的计算机辅助决策系统。GIS 对在 PMS 中进行路面使用性能评价、养护对策研究、养护计划制定、分配和实施起到关键作用。PMS 分为空间数据模块和业务数据模块，其中空间数据模块主要处理 GIS 中用到的公路地图及其相关的地理位置信息，业务数据模块主要处理路面的几何参数、路面状况、附属设施状况以及修建维护资料等。我国交通部自“七五”开始，大力推广路面管理系统(张小文等，2002)，不少省区建有公路地理信息系统，公路维护地理信息系统。近年来，GIS 与建筑信息模型(Building Information Modeling，BIM)进行融合，引入道路设施的全生命周期建设与管理中。

(5) 环境监控

交通工具会不同程度地对环境造成污染，建立基于 GIS 的交通环境监测系统可以通过各种传感器，应用物联网技术适时采集环境污染数据，分析污染强度，做出相应决策。

GIS-T 在世界许多国家的交通部门得到了迅速的发展，目前，几乎所有国家的交通部门都在使用 GIS。

1.3.1 国外 GIS-T 研究现状

自 20 世纪 60 年代以来，数据库和信息技术已经系统地从原始的文件处理演化到复杂的、功能强大的数据库系统。自 20 世纪 70 年代以来，数据库系统的研究和开发已经从层次和网状数据库系统发展到关系数据库系统、数据建模工具、索引和数据组织技术。

地理信息系统是专门用于采集、存储、管理、分析和表达空间数据的计算机信息系统，是表达、模拟现实空间世界和进行空间数据处理、分析的工具。国外从 20 世纪 60 年代初就开始进行 GIS、GIS-T 的相关研究，目前国外 GIS-T 技术已逐渐成熟，与此相关的研究很多，多数是采用线性参考系统和动态分段技术来存储、查询和显示交通信息。在 GIS-T 线性数据模型研究方面，有欧洲标准化组织制定的地理数据文件标准（Geographic Data File Standard，GDFS），Vonderohe 的 NCHRP 20-27（2）数据模型，Dueker Butler 的 Enterprise GIS-T 数据模型，建立在 ESRI 地理数据库模型基础上的 UNE-TRANS 模型（Curtin et al.，2003）。但在模型的实现方面，这些组织和学者所提出的 GIS-T 数据模型并未能在国际上著名的一些 GIS 应用系统软件（如 ArcGIS、MapInfo、GenaMap、AutoDesk 等）中应用。这些著名的 GIS 软件对网络的处理一般是建立在弧段（Arc）与节点（Node）基础之上，通过层来构筑网络空间关系。

1.3.2 国内 GIS-T 研究现状

我国的 GIS 技术研究比北美、欧洲等国家起步晚。但目前的 GIS 理论技术与方法的研究，已达到或接近国际先进水平。

GIS 理论与技术在交通运输规划与管理中的应用层次还不高，主要是建立了相关的以电子地图为基础的交通地理信息系统。目前，国内部分学者对地理信息系统在交通运输、规划与管理中的应用进行了相关研究（杨兆升等，2000）；张山山（2003）对面向对象的城市交通规划时空数据模型进行了相关研究；李清泉等（2004）对 GIS-T 线性数据模型研究现状与趋势进行了分析研究；对时空一体化 GIS-T 数据模型进行了研究，着重解决动态交通信息与道路网几何数据的一体化时空建模问题（李清泉等，2007a）；对导航地图数据模型研究现状与趋势进行了研究与分析（李清泉等，2007b）；郑年波等（2010）对面向导航的动态多尺度路网数据模型进行了研究；田智慧等（2005）对公路交通地理信息系统的查询技术进行了研究；谢彩香等（2005）对GIS-T中的数据模型进展进行了研究，提出基于三维 GIS-T 时空数据模型是发展趋势；郭鹏等（2011）提出了面向交通事件管理的 GIS-T 数据模型，对 GIS-T 中交通事件的动态表达进行了研究；石建军等（2004）对交通地理信息系统数据模型的进展进行了研究；王艳慧等（2004）对道路网络多尺度数据建模进行了初步研究；陈少沛等（2009）对城市交通网络的多尺度地理信息系统数据建模进行了进一步研究，实现了多模式交通数据的综合分析和表达；朱庆等（2007a）对道路网络模型研究现状进行了分析，总结了存在的主要问题，揭示了其发展趋势；杨晓光（2000）对中国交通信息系统基本框架体系进行了相关研究。从研究的内容看，对 GIS-T 空间数据库的研究还处在实验与基本理论阶段，一般没有经过应用系统的实际检验，也没有系统地研究适合我国交通规划、建设与管理的 GIS-T 数据模型；空间数据管理还仍建立在 GIS 之上，对于道路网络而言没有提出一个具体的解决方案（王艳慧等，2004）。

1.4 ITS 与 GIS-T

智能运输系统（Intelligent Transportation System，ITS）是将先进的信息技术、计算机技术、数据通信技术、传感技术、电子控制技术、自动控制理论、运筹学、人工智能等有效地综合运用于交通运输、服务控制和车辆制造，加强车辆、道路、使用者三者之间的联系，从而形成一种定时、准确、高效的综合运输系统（黄卫等，2001）。ITS 是在传统的交通系统基础上发展起来的新型交通系统,美国将与 ITS 相关的实际应用系统分为 7 部分(张其善等,2002),分别是:先进的交通管理系统(Advanced Transportation Management System,ATMS),先进的驾驶员信息系统(Advanced Driver Information System,ADIS),先进的车辆控制系统(Advanced Vehicle Controller System,AVCS),商用车辆运行系统(Commercial Vehicle Operating System,CVOS),先进的公共交通系统(Advanced Public Transportation System,APTS),先进的乡村交通系统(Advanced Rural Transportation System,ARTS),自动高速公路系统(Advanced Highway System,AHS)。这些 ITS 应用系统几乎都与 GIS 相联系。

交通是 GIS 的一个重要应用领域,由于其空间特征和应用的独特性,将 GIS 在交通中的应用强化为一个专用名词:GIS-T(李清泉等,2004)。GIS-T 是 GIS 技术在交通中应用的一种专题地理信息系统,是 GIS 与多种交通信息分析和处理技术的集成。

GIS-T 作为运用先进空间数据库管理技术、空间分析技术、空间信息视觉化技术的新型应用技术系统,越来越受到交通领域中规划、建设和管理部门的重视。然而,GIS-T 技术发展缓慢(李清泉等,2004),GIS-T 的应用还局限于一个很小的范围。随着 ITS 理念的普及,GIS-T 技术已成为 GIS 应用的一个热门发展方向(Goodchild,1999)。

交通信息是基于空间网络的空间信息。目前许多交通信息主要还是通过关系型数据库进行管理,但传统的关系型数据库不能管理空间数据,因此,必须应用空间数据库技术对交通信息进行组织和管理,以便更全面地反映交通信息的空间数据和属性数据。

第二章　交通系统及交通信息管理技术

交通是社会活动、经济活动的纽带和动脉，对城市及区域经济发展和人民生活水平的提高起着极其重要的作用。近几年来，随着人口增长、国民经济的高速发展以及城市化进程的推进，道路交通量急剧增长，全国范围内的大中城市及沿海地区公路网都出现了严重的交通阻塞现象。

一般来说，解决交通拥挤的办法是降低道路交通负荷，使道路通行能力适应交通流的要求。降低交通负荷可通过三条途径实现。一是交通建设，提高交通网络容量，以达到降低交通负荷的目的。通过道路建设解决交通问题往往是人们首选的措施，但是，道路交通建设投资巨大，建设周期很长。并且当道路网络基本完善后，新建道路能产生的网络运输效益已经很低，相反会刺激原来被压抑的交通需求的产生，著名的 Downs Law（当斯定律）就非常形象地说明了这个问题。二是交通需求管理。通过控制、限制、禁止某些交通方式的出行，减少出行量，以达到降低道路交通负荷的目的。三是交通系统管理。通过一系列的交通组织、交通设施控制交通流量，使交通流在时间、空间上的分布趋于均匀，有效地避开交通阻塞时刻及阻塞地段，提高网络运输效率。

与建设道路相比，运用现代化的管理技术、管理手段充分发挥道路网络的潜在功能，全面提高运输效率，缓解道路交通紧张局面，投入少、见效快，更具有现实意义。现代化管理的技术核心是信息化建设，即道路交通综合信息的管理与应用。

2.1　交通系统及其信息化

交通是各种运输和邮电通信的总称。根据运输方式的不同可分为：航空交通、铁路交通（或称轨道交通）、道路交通（城市道路和公路）、船舶交通、管道交通。本书主要以道路交通为对象进行相关分析与研究，对于道路交通信息的特征、分类、空间数据模型同样适用于其他交通运输方式。

在建立各种交通信息管理系统时，首先对交通系统特点、功能作用、管理描述进行分析和研究。

2.1.1　交通系统

交通系统是一个复杂的、开放的大系统，它是社会经济系统的一个有机组成部分，交通系统的运转受到社会经济系统中其他子系统的影响与制约，如城市人口、城市土地利用直接影响城市交通系统的交通需求总量及流向分布，区域城镇布局及城镇经济发展直接影响区域公路网系统的交通需求及流向等。交通系统本身又是由许多相互影响、相互制约的子系统所组成。

交通系统是为社会经济发展、人民生活水平提高服务的，是区域及城市发展的载体、社会经济活动的支撑体系。

交通系统的基本构成要素包括：人、交通工具、交通设施。在道路交通系统中主要指：人、车、路。人指交通出行者，物流运输与经营者，交通管理者，交通规划、建设及研究者（杨晓光，2000）。交通工具主要是：机动车、非机动车。交通设施主要包括道路、桥梁、涵洞和隧道结构物及附属设施。

2.1.2 交通信息化

机械化是工业时代的特征，计算机化是信息时代的特征。目前世界正处于从工业时代向信息时代转变的过程中，信息化程度已成为衡量一个国家现代化水平和综合国力的重要标志，它是世界国力竞争的焦点。

信息化是指以计算机为核心的数字化、网络化、智能化和可视化的全部过程。交通系统的信息化是以计算机为核心的交通系统数字化、网络化、智能化和可视化的全部过程。它正向智能交通系统及其产业化方向发展。

人类的社会活动产生了交通系统，表现出各种交通现象。各种交通现象是交通系统的真实反映。交通信息化的基本含义是指：运用各种现代化的高新技术，将各类交通信息从采集、处理到提供服务加以系统化，共享其资源，为最佳营运与管理交通、发展智能交通系统和新产业，发展经济，推动城市进步奠定基础（杨晓光，2000）。

交通系统信息化，首先必须对真实的交通系统数字化。即通过对各种交通现象的观察、抽象、综合取舍，得到交通实体目标，然后对实体目标进行定义、编码结构化和模型化，以数字形式存入计算机内的数据库中。

交通系统信息化的前提是交通系统数字化，数字化的交通系统必须通过数据库管理技术进行管理。

2.2 信息化基础

2.2.1 数据、信息和信息系统

2.2.1.1 数据、信息

我们正处在一个信息变革的时代，数据是推动这场巨大变革的原材料，是对事物描述的符号记录。数据含义是数据的语义，人们通过解释、推论、归纳、分析、综合等方法，从数据所获得有意义的内容称为信息。数据是信息存在的一种形式，通过解释或处理能成为有用的信息。在计算机科学中，数据是指所有能输入到计算机中并被计算机程序处理的符号的总称（严蔚敏等，1997）。

2.2.1.2 地理信息

地理信息（Geographic Information）是指表征地理圈或地理环境固有要素或物质的数据量、质量、分布特征、联系和规律的数字、文字、图像和图形的总称（黄杏元等，2002）。陈述彭等（1999）认为地理信息是有关地理实体的性质、特征和运动状态的表征和一切有用的知识，

是对表达地理特征与地理现象之间关系的地理数据的解释。从地理实体到地理数据，从地理数据到地理信息的发展，反映了人类从认识物质、能量到认识信息的一个巨大飞跃。

地理信息属于空间信息（许多人把二者等同起来），其位置的识别是与数据联系在一起的，这是地理信息区别于其他类型信息的一个最显著标志。地理信息的定位特征是通过公共的地理基础（地理坐标、地图投影坐标）来体现的。地理信息具有多维结构的特征，即在二维空间的基础上，有多专题的第三维信息结构。除了以上两个特征外，地理信息还具有时序特征，因此可按时间的尺度进行地理信息的划分。地理信息的区域性、多层次性和动态变化特征的研究与分析，可应用于诸多领域。

2.2.2 交通信息概述

交通信息主要包括交通系统中交通出行者、物流运输与经营者、交通管理者、交通规划/建设及研究者相关信息，交通工具相关信息，物流运输相关信息及道路网络相关信息。

2.2.2.1 出行者信息需求

出行的需求信息分为两个方面：出行前需求信息，出行中需求信息。出行前的需求信息为出行做决策服务。需求信息如表 2-1 所示。

表 2-1 出行者出行决策需求信息分析

	出行决策内容	需求信息	
		日常通勤、通学出行	购物、旅游
1	出行目的地	确定，不能选择	便捷程度：换乘条件、停车条件 目的地信息
2	出行交通方式	轨道交通（地铁或轻轨） 公共汽车 出租车 个体交通工具（私家车、单位车） 非机动车	飞机 火车 汽车 轮船 自行车
3	出行路径	交通阻塞、突发事故 交通网络信息 公共交通出行：换乘路线、站点信息 个体交通出行：道路行驶路线选择信息	公共交通出行：换乘路线、站点信息 个体交通出行：道路行驶路线选择信息
4	出行时刻	实际交通状况信息	实际交通状况信息

出行中的需求信息与出行前的信息是相关的，所需求的信息为出行做各种调整。

(1) 出行目的地决策信息

交通出行者为日常上下班通勤或上放学时，无需做出行目的地决策，故不需要相关决策信息。交通出行者为购物或旅游出行时，存在着出行目的地的选择。要做选择就必须根据相关的信息。主要有：出发地到目的地之间的交通便捷程度（如停车条件、换乘条件、出行可选交通工具），目的地信息。

(2) 出行者交通方式及路径选择需求信息

在出行者出行前,通常选择最佳的出行方式和出行路径。所谓最佳出行方式是指交通方式的方便性、舒适性。所谓出行路径的选择是指所选通过路径费用的多少、时间的长短等。据此,所需的信息主要是指:可利用的交通方式(火车、汽车)信息,行驶路线信息,交通状况(阻塞状况、突发事故信息、行车时间),目的地、交通换乘点周边信息。

(3) 出行时刻决策信息

出行者在出行前,通常要考虑出行花费时间,出行的舒适程度,出行花费。它们的确定通常与出行时刻相关。因此,出行前出行者需根据相关信息进行决策分析。相关信息主要有:交通状态信息(行程时间、公共交通到站与发车信息、突发事故信息)。

2.2.2.2 物流运输需求信息

货运交通限时、限线通行,是中国大多数物流运输及其管理的基本现状。中国及时的速递业务、超市配货业务需求剧增,城市间、不同物流运输方式间联运需求也快速增加。物流运输的信息需求不断扩大。掌握一定的物流运输信息将更加有利于提高物流运输效率。相关信息主要有:物流需求信息(起终点、到达时间),服务信息(运价、服务点分布、物流集散点分布等),物流运营管理(物流集配、调度与行驶路线诱导等)。

2.2.2.3 交通管理需求信息

交通管理分为行政管理及技术管理两大类,其目的均是维护交通运行秩序,优化空间利用,提高网络运输效率,缓解交通紧张局面。交通管理部门不仅要满足交通网络上的交通需求,使服务能力达到最佳,同时,还要向交通出行者和交通营运者提供信息服务。交通管理需求信息如表 2-2 所示。

表 2-2 交通管理需求信息

	类别	信息
1	交通网络状态信息	流量、速度、密度、行程时间
2	车辆位置信息	社会车辆、公共汽车、特种车辆
3	停车场信息	位置信息,停车位空/满,进出口排队状态等
4	不同交通设施动态管理信息	位置信息、特征属性信息
5	各类交通设施及紧急救援装备与部门	位置信息、特征属性信息
6	突发事故信息	发生时间、地点类型、严重程度
7	驾驶员与车辆档案信息	车辆牌照、权属、驾驶员信息
8	交通换乘信息	站点分布、各种换乘交通到离站时间
9	基础地理信息	居民地、水系、境界、地势等
10	其他关联信息	气象、交通集散点、收费道路价格等

交通管理是一种技术性管理,它的管理对象主要是交通流,通过对交通流的管制及合理引导,使交通流在时间上、空间上重新分布,均匀交通负荷,提高网络系统运输效率。

2.2.2.4 交通规划与建设需求信息

交通规划的目的在于协调各种运输方式之间的关系,在可能的资金、资源条件下,对交通系统的布局、建设、运营等方面从整体上做出最佳安排，以适应社会、政治、经济发展的需要。

出行起讫(Origin Destination，OD)信息、流量、城市土地利用及其交通设施的地理信息等是进行交通规划与设计、投资与建设、制定城市/区域发展战略等的重要依据。

交通规划与建设相关的信息如表 2－3 所示。

表 2－3　交通规划与建设相关的信息

	类别	信息
1	社会经济基础信息	人口、国民经济指标、运输量、交通工具拥有量
2	土地利用	土地使用性质、就业/就学岗位数、商品销售
3	人口出行 OD	总量、方式结构、分布
4	机动车出行 OD	总量、分布
5	道路交通流量	分车型、分时段、分流向交通量
6	道路交通设施	道路等级、宽度、交通管理方式，交叉口，停车场
7	货物源	货物运输发生、分布等

道路交通综合信息是指服务道路交通的所有信息的总称，包括交通信息和基础地理信息。

2.2.3　交通信息的特征

交通系统日益庞大，各种等级道路交织、不同的交通方式并存。各种交通信息管理系统相继产生。为了科学地管理各种交通信息，必须客观地分析交通信息的特征。交通信息存在以下主要特征：

(1) 多源和多种性特征

交通信息的数据源是指应用于交通系统各个方面的数据来源。

目前，交通信息采集技术发达，信息的来源渠道和种类多种多样，如来自各种传感器的微波、激光雷达等的交通流量信息，来自摄像机的视频信息，来自自动车辆定位系统(Automatic Vehicle Location System，AVLS)、探测车辆(Probe Vehicle)的行程时间、平均行驶速度信息，来自 GNSS 的车辆位置信息，来自电子交警的车辆违章信息，来自报警电话的交通事故信息等。

(2) 表现形式多样性特征

来自多种数据源的交通信息，由于采用不同的采集方式，表达不同的信息其表现形式多种多样。主要为:数值信息、图像信息、语音信息、视频信息和语义信息等，体现了交通信息的多样性。

(3) 信息量巨大特征

交通信息来源多种多样，每时每刻都在不停地产生大量的信息。如北京市的 SCOOT 系统，遍布于城区各主要交通干线上的 1 000 多个传感器每个月所产生的数据量达到几十个 GB。如果要把 100 多台摄像机的视频信息也包括进来的话，信息量将会大得无法承受。美国圣安东尼奥市附近的一条高速公路(46 km)上的传感器每天产生的数据量为 120 MB，每月为

3.6 GB，全年约为 44 GB。

(4) 空间特征

空间特征是指信息与特定空间位置具有一定联系的特征，特定的位置可以用地理坐标描述，也可以用笛卡儿坐标描述。在日常生活中，人们多用空间对象的相互关系进行空间关系的描述。

据统计，人类所接触的数据中，有 70%～80%是与空间位置相关的。交通系统的相关信息基本上都与空间相关。如车流量数据，是某特定路段/路口上的流量。交通信息的空间相关性又为进行交通信息的控制、预测、研究等提供强大的支持。如可以利用空间相关性进行交通网络的空间分析，为实时交通控制提供参考。

(5) 时间特征

严格来说，交通信息总是在某一特定时间或时间段内采集得到或计算得到的。有些交通信息随时间的变化相对较慢，因而时间性可能被忽略；有些交通信息随时间的变化相对较快，人们很容易感觉到。比如：对于一个道路交通网络中的道路来说，道路几何数据的变化比较慢，而道路交通流等属性数据的变化比较快。因此，道路几何数据的变化就有可能被忽略。

针对交通信息的时间变化特征，一方面要求及时获取、长期更新交通数据，另一方面要从其变化过程中研究其变化规律，从而做出交通事件的预测和预报，为科学地规划、建设、管理和决策提供依据(肖为周等，2000)。

(6) 层次特征

在交通应用信息系统中，信息可分为原始数据(第一手数据)和经过加工后的数据(第二手数据)，数据具有层次特征，如表 2-4 所示。

表 2-4　不同的信息层次

项目	图形、图像信息	文本、数据值信息	多媒体信息(摄像、声音)
原始数据 (第一手数据、初始采集信息)	卫星影像数据，地形测量数据等	来自传感器的交通流量等	视频采集数据等
数据分析、融合、挖掘 (第二手数据)	基础 GIS 数据，网络数据等	各种分析数据	编辑处理后的视频数据等

信息系统中，信息可分为采集、融合、决策、协作和服务几个层次，不同层次的信息特性各不相同，用途也各异。

(7) 主题特征

交通信息具有明显的主题相关性。信息按照主题划分为交通流信息、交通信号控制信息、交通事故信息、交通违章信息、公交调度信息、地理信息、天气信息、停车场信息、收费信息。根据这些不同的主题，可对交通信息进行分类组织。

(8) 生命特征

与生物一样，交通信息也存在着自繁衍、自进化、消亡这三大生命基本特征。

2.2.4　交通信息的分类

交通信息按其在交通中的作用可分为：交通专题信息、基础地理信息。

(1) 交通专题信息

交通专题信息是交通信息的主题信息，指出行者、物流运输与经营者、交通管理者、交通规划/建设及研究者相关信息，交通工具相关信息，物流运输相关信息，道路网络相关信息。

交通专题信息又可分为:交通专题空间信息、交通主题信息(属性信息)。

(2) 基础地理信息

在交通信息系统中，基础地理信息是交通专题信息的基础信息，作为交通信息的参考背景信息为各种应用服务。

地理信息是指表征地理圈或地理环境固有要素或物质的数据量、质量、分布特征、联系和规律的数字、文字、图像和图形的总称。基础地理信息是为交通专题信息服务的一般性空间信息，主要包括:境界、水系、居民地、地形、交通、土地利用等相关信息，是交通信息的背景信息。

2.3　交通信息管理技术

交通信息管理是交通信息在交通领域的各种应用的基础。ITS 是 21 世纪交通运输科技、运营和管理的主要发展方向，ITS 的发展将改变交通运输和现状，即 ITS 将现代信息系统及技术引入交通运输的各个方面，将彻底改变交通运输的运营方式和管理方式(黄卫等，2001)。

ITS 是建立在各种信息的基础之上的，中国目前重点研究开发的 ITS 项目所包含的 6 个高级系统(先进的交通管制系统、先进的交通信息服务系统、先进的公共交通系统、先进的公路交通系统、先进的车辆控制系统、先进的物流交通系统)(史其信等，1998)中，几乎都与地理信息相关，有 4 个系统与地理信息系统支持下的交通网络直接相关。由此可见，地理信息系统在交通信息管理中有很重要的地位。

第三章　空间数据库

交通信息是一种空间信息，具有明显的地域特征。本章主要介绍空间信息管理与应用的基本理论与技术，包括一般关系型数据及管理理论技术、空间数据库理论技术，重点介绍与 GIS-T 相关的理论技术方法，主要内容有一般数据库技术的发展、数据模型、数据模式、空间数据库原理、空间数据模型、空间数据类型、空间数据操作等。

3.1　数据库概述

数据密集型应用(data intensive applications)是一类重要的计算机应用，它有下列 3 个特点：

① 涉及的数据量大，一般需存放在辅助存储器中，内存中只能暂存其中很小的一部分；

② 数据不随程序的结束而消失，而是需要长期保留在计算机系统中，是一种持久性数据(persistent data)；

③ 数据为多个应用程序所共享，甚至在一个单位或更大范围内共享。

针对密集型数据应用的特点，发展了以统一管理和共享数据为主要特征的数据库系统(database system)。数据库系统由应用程序、数据库管理系统(database management system，简称 DBMS)、数据库(database)和数据库管理员(database administrator，简称 DBA)构成。在不引起混淆的情况下，数据库系统有时也简称为数据库。

DBMS 是一种对大量、持久的数据资源进行管理和共享使用的软件系统。与其他数据管理和数据处理一样，都是计算机系统的最基本的支撑技术。尽管计算机科学技术经历了飞速的发展，但数据管理的这一地位没有变化。社会信息化程度愈高，对数据管理的要求也将愈高。计算机技术在各个领域的应用推动了数据管理的发展。数据库是数据的汇集，是对现实对象的模拟，以一定的组织形式存于存储介质上。数据库是数据管理的主要形式。

DBMS 产生于 20 世纪 60 年代中期，至今已有近 60 年的历史，从第一代的网络、层次数据库系统，第二代的关系数据库系统发展到目前以面向对象为主要特征的第三代数据库系统。其相应的基础理论、实现技术、性能评测、应用开发环境、标准化等得到了广泛而深入的研究，数据库产品和产业已经成为整个信息产业的重要组成部分。

在 20 世纪 60 年代中期以前，数据管理主要由文件系统实现。文件系统只能提供较为简单的数据存取功能，各个文件之间相互独立，系统对数据文件提供打开文件、关闭文件、从文件中读写数据等操作。数据文件与应用程序紧密关联，相互间的独立性差，数据共享性差。

通过文件管理数据的方法存在诸多缺点，在 1964 年，世界上第一个 DBMS 由 Bachman 等人开发成功，数据库系统因此而诞生。数据库系统管理的数据是有结构的，提供强有力的数据查询功能，并提供良好的数据共享功能。此时的数据库系统一般采用层次数据模型或网状数据模型。以层次或网状模型建立的数据库系统能摆脱程序员对物理实现的许多依赖，仅需面对逻辑的数据记录和逻辑存取路径。层次和网状数据模型存在一些缺点：用户观察和访问数据的抽象级别不高，数据独立性不够好，数据库的使用也不够方便。

1970 年 E. F. Codd 提出了关系数据模型(relational data model)，以关系(relation)或表(table)作为描述数据的基础。关系模型是为数据及数据间的相互关系进行建模的一种方法，包括如何表示数据以及怎样操纵。关系数据模型建立在严格的数学概念的基础上，概念简单、清晰，用户易于理解和使用。现实实体及实体间的关系均以关系来表示，数据独立性强，数据的物理存储和存取路径对用户透明，操作语言具有非过程化和说明性的特点，它允许终端用户和应用程序员对数据库进行存取时无需了解底层的物理结构，仅在关系和关系操作的层面上来感知数据库。

由于关系的抽象性和查询语言的描述性，使得关系模型数据库系统可以实现高度的数据独立，程序员摆脱了对数据的底层管理，把存储、检索、修改等的实现方法和效率问题交给了系统处理，而用户只需关注它的应用逻辑，极大地增强了软件能力，提高了开发效率。

20 世纪 70 年是关系数据库理论研究和原型系统开发的时代，20 世纪 80 年代相继推出了成功的关系数据库产品。关系数据库是目前主导的数据库产品，如 Oracle、DB2、Informix、SQL Server、Sybase 等。

随着计算机辅助设计(Computer Aided Design，CAD)、计算机辅助软件工程(Computer Assisted Software Engineering，CASE)、图像处理(Image Processing)、地理信息系统(GIS)、计算机集成制造(Computer-Integrated Manufacturing，CIM)、办公信息系统(Office Information System，OIS)等新的应用领域的发展，以及传统应用领域中应用的深化，不断向数据库技术提出新的要求和挑战，要求数据管理软件能够管理复杂对象及其行为，即在数据模型这一层面上不仅能为数据对象建模，同时也为对象的行为建模，使其语义抽象层次更高。于是在 20 世纪 80 年代初出现了如何把面向对象(Object Oriented，OO)技术和数据库技术结合起来的研究热潮。由于纯粹的面向对象数据库系统并不支持结构化查询语言(Structure Query Language，SQL)，在通用性方面失去了优势，其应用领域受到很大的局限。因此，对象关系数据库被认为是未来数据库技术发展的主导方向。

数据库技术的演化过程如图 3－1 所示。

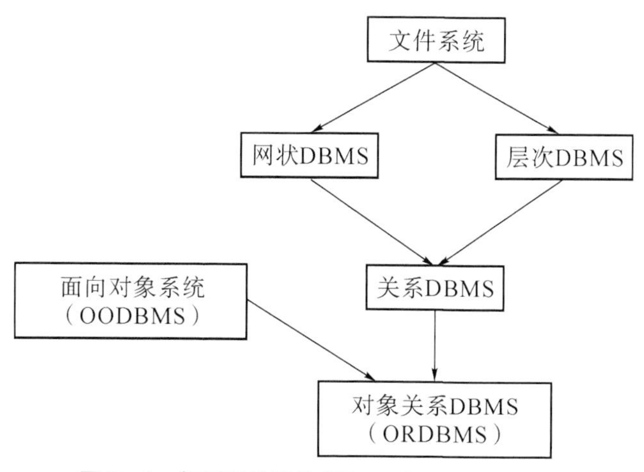

图 3－1　数据库的演化(Khoshafian et al.，1996)

3.2 数据模型、数据模式概述

3.2.1 数据模型

数据模型是用来描述数据的一组概念和定义。一般说来，数据的描述包括两个方面。

(1) 数据的静态特性

数据的静态特性包括数据的基本结构、数据间的联系和数据中的约束。

(2) 数据的动态特性

数据的动态特性指定义在数据上的操作。

在数据库中，针对不同的使用对象和应用目的，采用多级数据模型，一般数据模型分为下面三级。

(1) 概念数据模型(conceptual data model)

概念数据模型是面向用户、面向现实世界的数据模型，是与数据库管理系统无关的，主要用来描述一个现实对象的概念化结构。

(2) 逻辑数据模型(logical data model)

逻辑数据模型是用户从数据库所看到的数据模型，反映数据的逻辑结构。它与数据库管理系统有关，数据库管理系统常以其所用的逻辑数据模型进行分类。关系数据模型是最常用的逻辑数据模型。

(3) 物理数据模型(physical data model)

反映数据存储结构的数据模型称为物理数据模型，它是逻辑数据模型在计算机存储介质上的具体实现。物理数据模型不但与数据库管理系统有关，而且还与操作系统和硬件有关。

概念数据模型只用于数据库的设计，逻辑数据模型和物理数据模型用于数据库管理系统的实现。

3.2.2 数据模式

数据模式(data schema)是对某一类数据的结构、联系和约束的型的描述，是用给定的数据模型对具体数据进行描述。美国国家标准协会(American National Standards Institute，ANSI)的 ANSI/X3SPARC 报告把数据模式分为三级(图 3-2)。

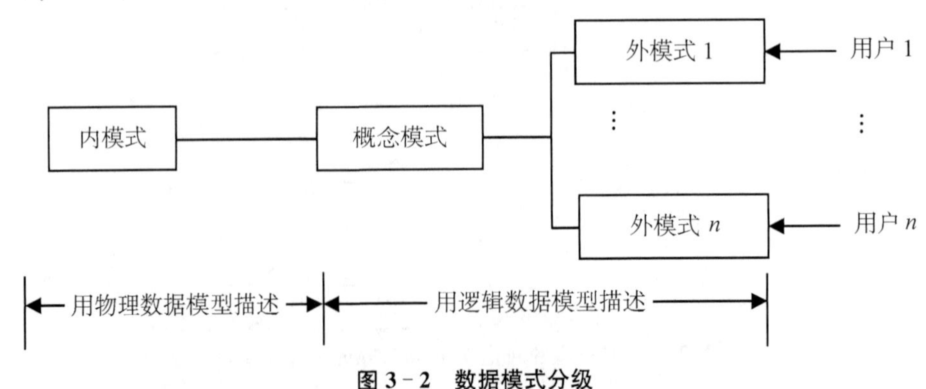

图 3-2 数据模式分级

3.2.3 传统数据模型

层次、网状和关系数据模型是数据库诞生以来广泛应用的三种数据模型，一般称之为传统数据模型。传统数据模型是文件系统中所用数据模型的继承和发展。它们继承了文件中记录、字段等概念。传统数据模型不但在数据库发展的历史上起过重要作用，其中的关系数据模型仍然是商品化 DBMS 的主流数据模型。

传统数据模型留有很深的面向实现的烙印，因此具有一定的局限性，概括起来具有如下四个弱点（王能斌，2000）：

(1) 以记录为基础，不能很好地面向用户和应用；

(2) 不能以自然的方式表示实体间的联系；

(3) 语义贫乏；

(4) 数据类型太少，难以满足应用需要。

3.2.4 E-R 数据模型

实体联系数据模型，即 E-R 数据模型（Entity-Relationship data model）是由 P. Chen 于 1976 年提出的。它不同于传统数据模型，是一种面向现实世界的数据模型，设计这种模型的出发点是有效和自然地模拟现实世界，而不是首先考虑它在机器中如何实现。E-R 数据模型被广泛应用于数据库的概念设计。

以下为与 E-R 数据模型相关的基本概念。

(1) 实体（entity）

凡是可以互相区别、可以被人们识别的事、物、概念等统统抽象为实体，各种地理现象可以被划分为一个个地理实体。实体是物理上或者概念上独立存在的事物或对象。例如在道路交通系统中，一条公路、一座桥梁、一条车道都可称为实体。

(2) 属性（attribute）

实体的若干特征称为实体的属性，实体是通过属性来描述其性质的。例如，道路名称是实体“道路”的一个属性。唯一标识实体实例的属性（或属性集）称为键（key）。从数学上来看，每个属性可以看成是一个函数。属性 A 可定义为实体集 E 的一个函数：

$$\mathrm{A}: E \rightarrow \rho(v)$$

A 可以是组合属性，则：

$$\mathrm{A}: E \rightarrow \rho(v_1) \times \rho(v_2) \times \cdots \times \rho(v_n)$$

(3) 联系（relationship）

实体与实体之间的各种关系抽象为联系，实体之间通过联系相互作用和关联。联系可用实体所组成的元组表示。如元组 $<e_1, e_2, \cdots, e_n>$ 表示实体 e_1、e_2、…、e_n 之间的关系。

同一类型的联系所组成的集合称为联系集（relationship set）。设 $R(E_1, E_2, \cdots, E_n)$ 表示定义在实体集 E_1、E_2、…、E_n 上的联系集，则：

$$R \subseteq \{< e_1, e_2, \cdots, e_n > \mid e_1 \in E_1, e_2 \in E_2, \cdots, e_n \in E_n\}$$

(4) E-R 图

与 E-R 模型相关的是 E-R 图,E-R 图为模型提供了图形化的表示方法。在 E-R 图中,实体用矩形表示;属性用椭圆表示,用直线与表示实体的矩形相连;联系用菱形表示,联系的基数(cardinality)(包括 1∶1、M∶1 或 M∶N)标注在菱形的旁边,键的属性加下划线。

3.2.5 面向对象的数据模型

面向对象的数据模型(object-oriented data model,O-O data model)是一种可扩充的数据模型。它又称为对象数据模型(object data model)。面向对象的数据模型提出于 20 世纪 70 年代末、80 年代初。

(1) 对象(object)

在面向对象的数据模型中,所有现实世界中的实体都模拟为对象,一个对象包含若干属性,用以描述对象的状态、组成和特性。属性也是对象,它可以包含其他的对象作为属性。这种递归引用对象的过程可以继续下去,从而组成各种复杂的对象。

(2) 类(class)

类是具有部分相同属性和服务的一组对象的集合,是对象的统一抽象描述,是对象的共性抽象,对象是类的实例(instance),表示为 is-instance-of 的关系。

(3) 面向对象模型描述符号

C++和 Java 等面向对象程序设计语言的流行促进了面向对象的数据库管理系统(Object-Orient Database Management System,OODBMS)的发展。OODBMS 日益流行的原因是其将概念数据库模式直接映射到面向对象的语言中以减低阻抗失配。阻抗失配是指一个层次上的模型转换到另一层次模型(如,从 E-R 模型映射为关系数据模型)时所遇到的困难程度(Shashi et al.,2003)。

面向对象模型一般用面向对象的模型符号——统一建模语言(Unified Modeling Language,UML)表示。UML 是一个被广泛接受和应用的面向对象的模型符号,是未来发展的趋势。本书提出的 TFODM 模型及对现有 Dueker-Butler GIS-T 专业数据模型的介绍中将用 UML 描述,为了后面描述方便,先讨论 UML 的基本含义及表示方法。

通用建模语言类图(Unified Modeling Language Class Diagram,UML 类图,UMLCD)中类用一矩形框表示。如图 3-3 所示,一个类由四部分组成,分别为类名、属性列表、操作列表、责任说明列表。

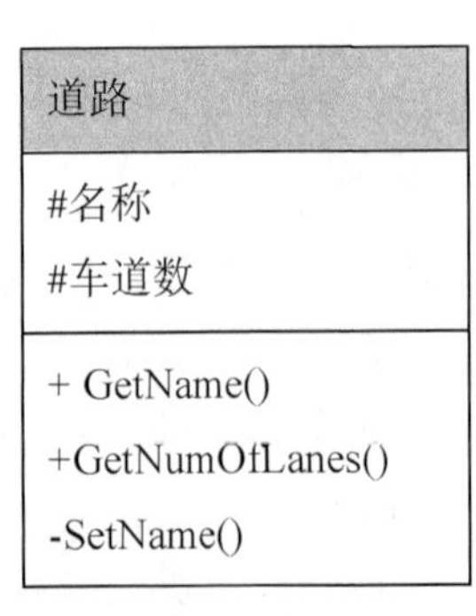

图 3-3 带有属性和操作的类图

图中：

“＋”表示公有的，属性可以被任意类访问和操纵；

“-”表示私有的，只有属性所在的类才可以访问；

“♯”表示受保护的，从父类派生的类可以访问的属性。

关系（relationship）是一个类与另一个类或类本身的联系，UML 中有三种重要的关系：聚合（aggregation）、泛化（generalization）和关联（association）。

UML 的关系描述图例如图 3－4 所示。

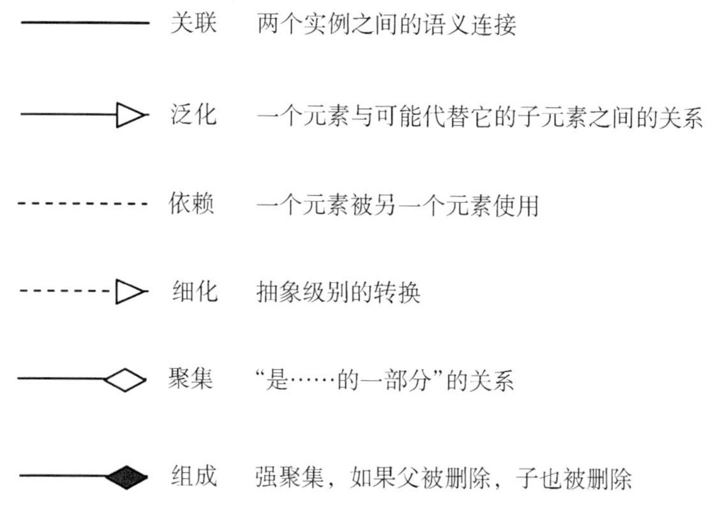

图 3－4　不同类型的关系 UML 描述

关联关系的 UMLCD 表示方法如图 3－5 所示。关联关系反映了不同类对象之间的联系，如果一个关联涉及两个类，那它就是二元的；如果涉及三个类，那么它是三元的。

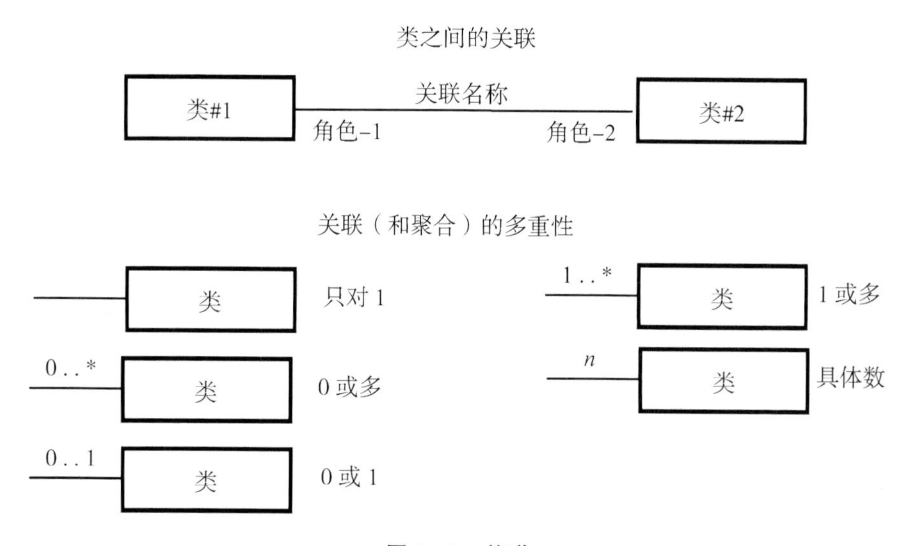

图 3－5　关联

聚合是 UMLCD 中特有的概念，聚合描述了部分与整体的关系。聚合与泛化的 UMLCD 表示方法如图 3－6 所示。

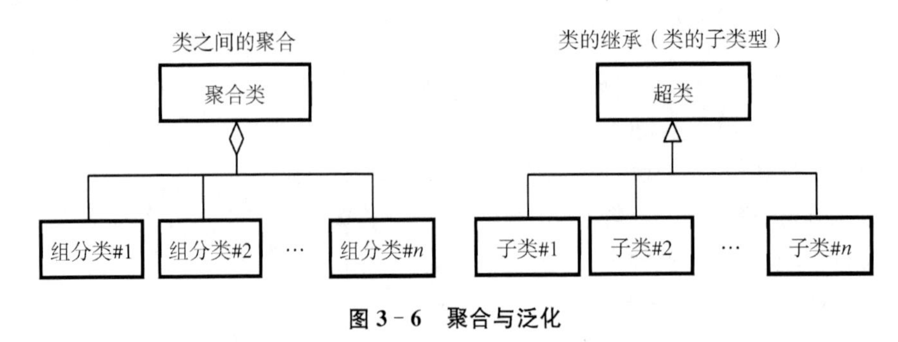

图 3-6 聚合与泛化

3.3 空间数据库

GIS 技术的出现，激发了人们开发空间数据库管理系统(Spatial Database Management System，SDBMS)的兴趣。GIS 提供了便于分析地理数据和将地理数据可视化的机制。地理数据是以地球表面作为基本参照框架的空间数据。GIS 提供了一套丰富的分析功能，它们对地理数据进行相应的变换。作为空间数据库管理系统的前段，GIS 中集成了一系列丰富的技术，在对空间数据进行分析之前，先通过空间数据库管理系统访问空间数据。一个高效的空间数据库的组织与管理可以大大地提高 GIS 的效率。

对于一般的 GIS 来说，原材料是空间数据库中的空间数据。对于 GIS-T 来说，其原材料是存储于交通空间数据库中的交通专题数据和基础地理数据。

数据库及其管理软件是信息时代的成功案例，它们已渐渐渗透到日常生活的各个方面。但 GIS 专业人士普遍认为：大部分现有的关系型 DBMS 无法管理空间数据，或者在管理空间数据的时候难以使用。

3.3.1 空间数据库概述

SDBMS 是按一定方式组织和存储管理空间数据，具有较高的程序和数据独立性，能以较少的重复为多个用户或应用程序服务，是整个 GIS 的核心(Robert et al.，1992)。目前，对于 SDBMS 还没有一个准确的定义。对于一个 SDBMS 来说，一般应具有以下含义(Shekhar et al.，2003)：

(1) 一个 SDBMS 是一个软件模块，它利用一个底层数据管理系统(如 ORDBMS、OODBMS)；

(2) SDBMS 支持多种空间数据模型、相应的空间抽象数据类型(Abstract Data Type，ADT)以及一种能够调用这些 ADT 的查询语言；

(3) SDBMS 支持空间索引、高效的空间操作算法以及用于查询优化的特定领域规则。

空间数据库的建立包括四个抽象层次(Peuquet et al.，1994)，即客观世界(reality)、空间数据模型(spatial data model)、空间数据结构(spatial data structure)和文件结构(file structure)。

客观世界是空间数据库所描述与处理的空间实体或现象。空间数据模型是以概念方式对客观世界进行的抽象，是一组相关联的实体集。空间数据结构是空间数据模型的逻辑实现，是带有结构的空间数据单元和集合，往往通过一系列图表、矩阵、树等形式来表达。文件结构是数据结构在存储硬件上的物理实现。

3.3.2 空间数据模型

数据模型概念源于计算机领域，但完全可用于空间信息描述。空间数据模型是数据模型在 GIS 领域应用的特例，空间数据模型是以概念方式对客观世界进行的抽象，是一组由相关关系联系在一起的实体集，包括几何数据模型和语义数据模型(Peuquet et al.,1994)。几何数据模型用于描述空间实体或现象的几何位置与空间关系。语义模型用于描述空间实体或现象的非空间关系在内的专题信息及时态信息。也有学者认为：空间数据模型是关于 GIS 中空间数据组织的概念，反映现实世界中空间实体(spatial entity)及其相互之间的联系，为空间数据组织(spatial data organization)和空间数据模型(spatial database schemas)设计提供基本的概念和方法。

实践证明，对现有空间数据模型认识和理解的正确与否在很大程度上决定着 GIS 空间数据管理系统研制或应用空间数据库设计的成败，而对空间数据模型的深入研究又直接影响着新一代 GIS 系统的发展。

空间数据模型为空间数据组织和空间数据库模式设计提供了基本的概念和方法。它由概念数据模型、逻辑数据模型与物理数据模型三个层次组成，如图 3－7 所示。也有学者将空间数据模型分为外部数据模型(或概念数据模型)、数据模型、数据库模型与图形模型四个层

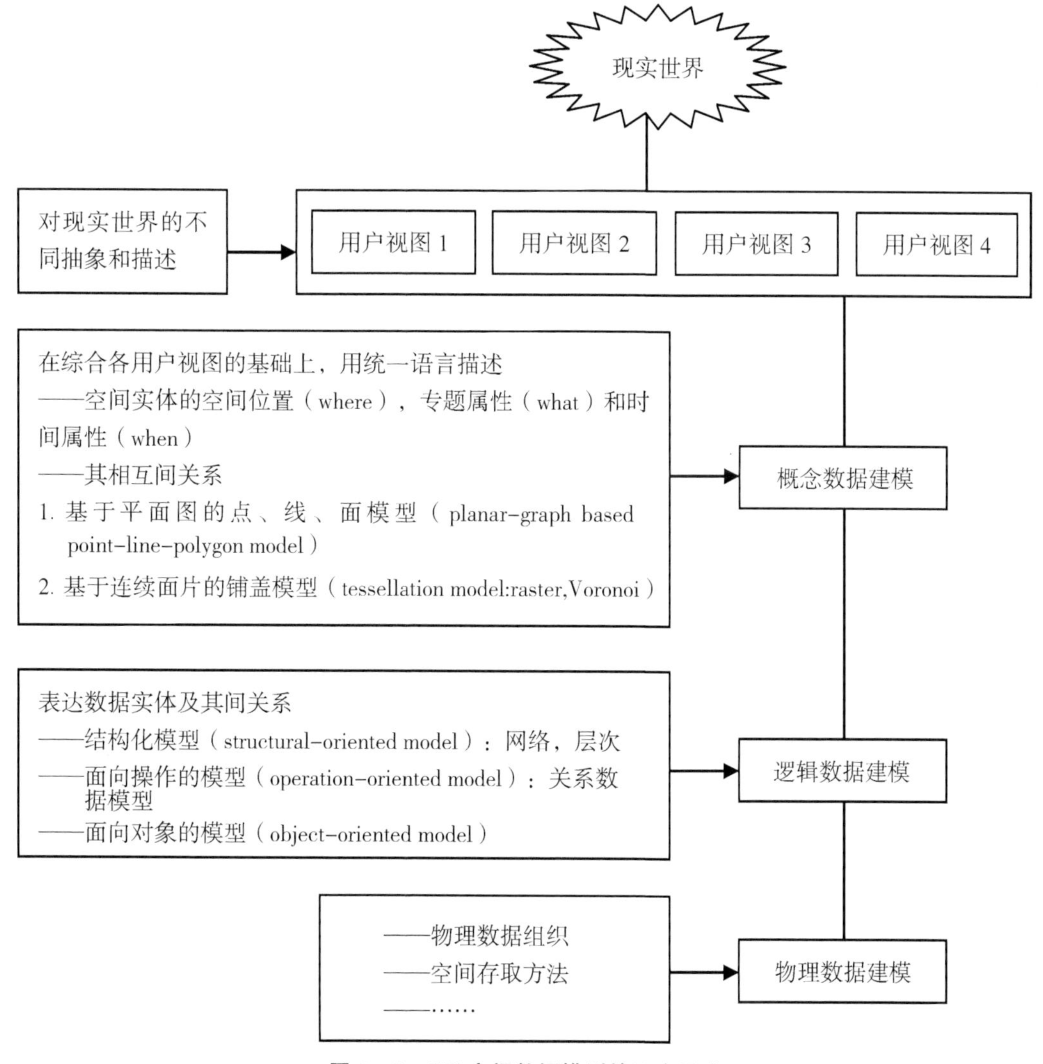

图 3－7　GIS 空间数据模型的三个层次

次(Burrough,1992)。空间数据模型的三层次划分与四层次划分没有本质上的不同。

3.3.2.1 空间概念数据模型

概念模型是现实世界抽象化的第一步,是描述现实世界的关键,空间对象的描述是 GIS 的基本任务之一,理想的空间对象模型不但应具有完备构造空间对象的能力,而且应能提示基本的空间关系,有助于空间分析。

建立空间概念模型的目标是把地理现象抽象为空间对象或实体,明确空间对象或实体之间的联系。在对地理要素抽象的过程中,有两种认识地理现象的观点:连续场观点(field view)和对象观点(object view)。

根据人们认识地理现象的方法观点,空间数据模型通常分为两大类:场(field)模型和对象(object)模型。场模型有两种表示方法:分段函数(函数模型)和网格(grid)。在边界极不规则的情况下,用网格方法表示场模型更加合适(Shekhar et al.,2003)。也有学者认为空间概念数据模型一般采用基于平面图形的点、线、面数据模型(planar-graph data model)和基于连续铺盖(tessellation)的栅格数据模型(raster data model)(陈军,2002)。两种提法在内涵上没有本质的区别。

(1) 场模型

场模型可分为面片模型、等值线模型和样点模型。

面片模型将平面划分为相互连接的区域,用简单的数学函数描述每个区域的变化。面片模型可分为常量面片模型、线性面片模型、高阶函数面片模型。常量面片模型表示区域内具有不变特征的地理现象,如类别、等级、交通小区、行政区域等。线性面片模型表示可用平面线性方程描述的地理现象,如地形、坡度等。高阶函数面片模型用高阶函数描述区域特征。

等值线模型是一种传统的连续场地理现象描述的模型,如等高线、等深线、等降雨量线等。

样点模型是对连续场进行采样点采样,用空间中的采样点描述连续场。

场模型一般有三个组成部分:空间框架(spatial framework)、场函数(field function)和一组相关的场操作(field operation)(Worboys,1995)。

空间框架一般是地球表面的经度—纬度参照系。

场函数:$f(x,y)=A$。

场操作指不同场之间的联系和交互,把场操作的一个子集映射到其他场。场操作通常有并(+)、交(O)、差(−)。

(2) 对象模型

对象模型是把地理现象抽象为明确的、可识别的相关事物或实体,称之为对象。每个对象都有一个属性集。与传统的数据库建模中普遍采用的对象/实体相比,空间对象的最主要特点在于它的属性可以分为截然不同的两类:空间属性和非空间属性。对象通过其空间属性与包含它的基本空间进行交互。

基于平面图的离散目标点、线、面数据模型是常用的一种对象模型,称为平面图数据模型,它把现实世界抽象地看作是由平面上的点、线、面空间目标(spatial object)组成的。基于平面图的点、线、面数据模型的一个核心问题是描述表达点、线、面空间目标及其相互间的拓扑空间关系。

在空间建模应用中,可选择场模型或对象模型,空间建模中两种模型的选择主要取决于不同的要求，对于交通运输网络一般采用对象模型。

3.3.2.2 空间逻辑数据模型

空间逻辑数据模型是根据空间概念数据模型确定的空间数据库信息内容（空间实体及相互关系），具体地表达数据项、记录等之间的关系。因而可以有若干不同的实现方法。通常将空间逻辑数据模型分为结构化模型（structural model）和面向操作的模型（operation-oriented model）两大类（Armstrong，1988）。

结构化模型是用显式表达数据实体之间关系的树形结构，如层次数据模型、网络数据模型。结构化模型的优点是能反映现实生活中极为常见的多对多的联系，直接地反映现实世界中空间实体之间的联系。其缺点是复杂，若要检索信息，往往需要回溯整个结构（陈军，2002）。

面向操作的数据模型即是关系数据模型，它用二维表格表达数据实体之间关系，用关系操作提取或查询数据实体之间的关系，因此称为面向操作的逻辑数据模型。

3.3.2.3 空间物理数据模型

逻辑数据模型不涉及最底层的物理实现细节。必须将逻辑数据模型转换为物理数据模型，即要设计空间数据物理组织、空间存取方法、数据库总体存储结构等。

3.3.3 基于地理要素的 GIS 数据建模

在 GIS 中，为了便于数据库管理与空间查询，一般使用基于地图分层（map layer-based）的模型来表达地理现象。在这种模型中，主要着眼于空间现象或实体的几何要素描述。现象或实体之间的语义关系往往得不到重视，专题属性是与基本几何目标联系在一起的。专题关系用建立同类型分层的方法建立，空间对象的组成关系、成分关系等语义关系则难以表达。在空间关系的表达中，基于平面图的分层模型难以处理三维的度量关系以及动态的时序特征，二维的空间拓扑关系的表达往往效率也不高。传统的基于地理分层的空间数据表达框架对于处理复杂的地理过程模型与空间分析方法是不够的（Goodchild，1998；Usery，1996）。

在人类的认识活动中，人类对世界的认识是基于地理要素（geographic feature）的，而不是基于地图分层要素的。数据模型应该能够直接反映这种认知过程。基于地理要素的 GIS 空间数据模型可以将人类的认识与空间数据模型建立相一致。

有些学者将“geographic feature”译为“地理特征”，《地理信息系统名词》（地理信息系统名词审定委员会，2002）中，将“geographic feature data”译为“地理要素数据”。在本书中，将“geographic feature”译为“地理要素”。

3.3.3.1 地理实体与地理要素

地理实体（geographic entity）是指地理空间内自然现象和社会经济现象中不可再分割的组成单元，是对地理现象的抽象，它不能再细分为同一类型的实体。如一个行政区域、一条道路、一条河流都可以是实体。地理实体是一个概括性的、复杂的、具有相对意义的抽象概念。在很多的情况下，人们把地理实体与空间实体等同起来看待。

地理要素是客观存在、能看得见的或纯粹概念上的具有属性与地理描述信息的实体（Mennis et al.，2000），是地球空间上可以用数据描述的客观现象。地理要素是通过地理实体定义的，地理要素的内涵是具有相似属性和行为的真实地理实体的公共属性集合，是对空间位置的“地理”属性以及“位置”的复杂的内部关系及自然和人文特征的描述（陈常松等，1999）。

3.3.3.2 基于地理要素的 GIS 数据建模

空间实体及其关系的描述可分为几何数据、专题数据、时态信息。几何数据包括空间位置信息及空间关系信息，专题数据中包括地理实体的属性及实体之间的非空间关系，时态信息描述空间实体随时间的变化，可通过几何信息与专题信息反映。

空间位置信息一般用矢量或栅格等几何数据描述，空间关系及专题、语义信息用语义模型来描述，空间数据模型是几何数据模型与语义数据模型的集合。

区别于面向空间的矢量及栅格数据模型（基于地图分层的数据模型），在基于地理要素的 GIS 系统中，将地理要素作为建立模型的基本单元，基于地理要素的 GIS 数据模型是较高的抽象层次上的模型，基于地理要素的数据组织方法与传统 GIS 数据管理方式处于同一层次，由于它只对真实地理实体的属性及关系感兴趣，因此，它更适合于进行空间信息应用系统的开发。

3.3.4 空间数据类型

数据模型是通过数据手段对现实世界的抽象，是操作与完备性规则经过形式化定义的目标集合，数据类型是数据模型定义的关键问题。目前，GIS 领域对 OGIS（Open GIS）比较认同，图 3-8 给出了用 UML 符号表示的二维空间几何体的基本构件及其相互关系。

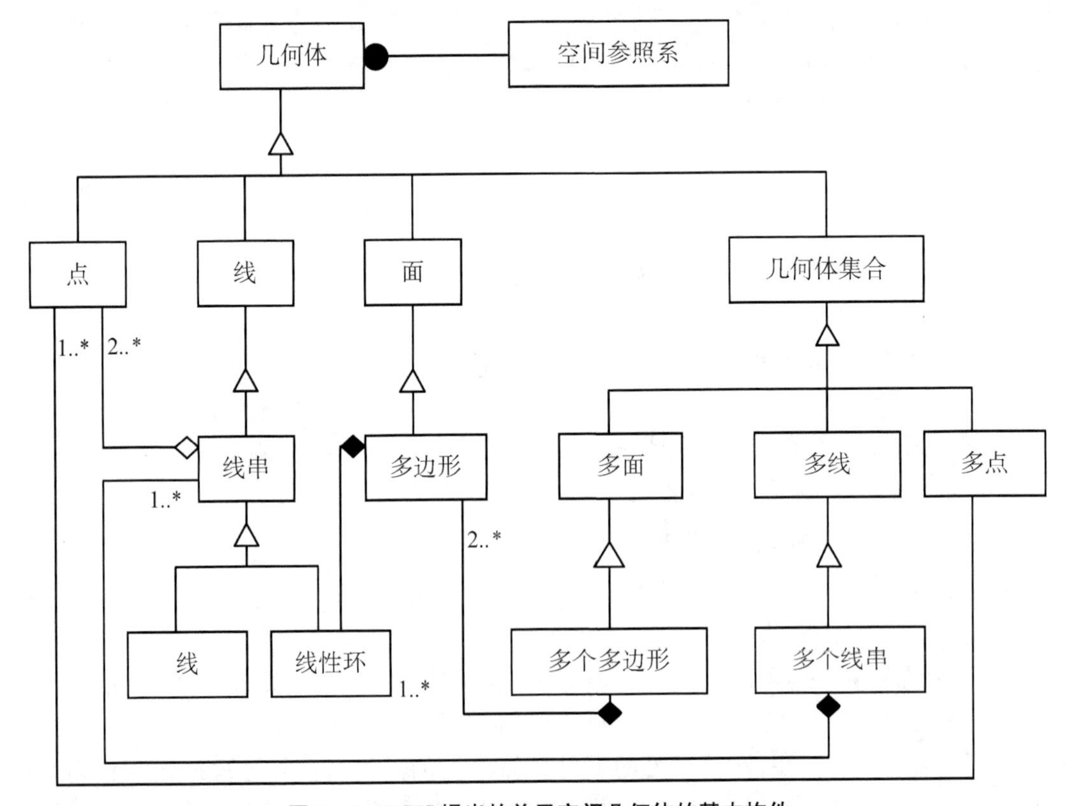

图 3-8 OGIS 提出的关于空间几何体的基本构件

OGIS将空间几何体分为4类：点(point)、线(curve)、面(surface)和几何体集合(geometry collection)。点描述零维对象的形状。线描述一维对象的形状，线对象通常用线串(linestring)来近似描述，由两个或两个以上的点构成。最简单的线串是一条连接两个或两个以上点的直线段。面描述二维对象的形状。几何体集合表示复杂的形状时，有三种类型，即多点(multipoint)、多线(multiline)和多面(multisurface)。几何集合空间数据类型保证了OGIS空间数据类型在几何操作上的闭合性(closure)，这些操作包括几何并、几何差和几何交操作。

3.3.5 基本空间关系

空间关系是指空间实体之间存在的一些具有空间特性的关系。空间实体的多样性决定了空间关系的复杂多样性，空间关系是空间数据组织、查询、分析、推理的基础(Egenhofer et al.,1989;1990)，是空间分析研究中的一个难点。空间关系可以是由空间实体的几何特性(空间物体的地理位置与形状)引起的空间关系，也可以是由空间实体的几何特性和非几何特性共同引起的空间关系。Egenhofer(1989,1990)等学者将空间关系划分为拓扑关系、尺度关系和序(方向)关系，由空间对象几何特性所决定的空间关系分为四大类，即距离关系、方位关系、拓扑关系和相似关系。这两种划分在术语和种类上略有不同，尺度关系与距离关系对应，反映空间实体的度量关系，在GIS中用得较多的度量是距离。序关系也称方向关系，如空间上的前后关系、东西南北关系，时间上的先后关系、方位关系是一种序关系。

距离关系和拓扑关系是在GIS-T应用中非常重要的两种空间关系，本小节主要讨论这两种空间关系的一些基本描述方法。

3.3.5.1 空间对象的距离关系

距离是描述两个实体或事件之间的远近或亲疏程度的概念。距离的描述有多种方法，最常用的是欧氏距离，它是明考斯基距离的一个特例。

明考斯基距离(广义距离)的定义：

$$d_{ij}(q)=\left[\sum_{l=1}^{n}(x_{li}-x_{lj})^{q}\right]^{\frac{1}{q}} \tag{3-1}$$

式中：i,j——对象i和对象j；

n——空间维数。

GIS中，最常采用的是欧氏距离(n维空间)，是广义距离的特例，当$q=2$时，广义距离即为欧氏距离。其模型如下：

$$d_{ij}=\left[\sum_{l=1}^{n}(x_{li}-x_{lj})^{2}\right]^{\frac{1}{2}} \tag{3-2}$$

GIS中，一般是对二维空间或三维空间进行距离计算，通常取$n\leqslant 3$，一般记为：

$$d_{ij}=[(x_i-x_j)^2+(y_i-y_j)^2]^{\frac{1}{2}}$$

或
$$d_{ij}=[(x_i-x_j)^2+(y_i-y_j)^2+(z_i-z_j)^2]^{\frac{1}{2}} \tag{3-3}$$

在广义距离中，当$q=1$时，广义距离即为绝对距离：

$$d_{ij}(1)=\sum_{l=1}^{n}|x_{li}-x_{lj}| \tag{3-4}$$

不同的距离有不同的特点，距离的定义是由应用决定的，完全可以根据需要定义新的距离，在空间分析中，使用最多的是欧氏距离。

3.3.5.2 空间对象的拓扑关系

拓扑关系在 GIS 中有非常广泛的应用，是空间数据模型研究的核心问题，在描述空间对象的形态时，尽可能地保留空间对象之间的相互关系。因此，空间对象的拓扑关系是 GIS 学者研究最多的问题之一。

拓扑关系是不考虑度量和方向的空间对象之间的空间关系。Egenhofer 等以点集拓扑学理论为工具，描述了一切可能的空间对象间的拓扑关系。

对于全集 X 中的点集 A 和 B，记 ∂A 为 A 的边界，A° 为 A 的内域，A^- 为 A 外域。任意一个集合都由其边界与内域构成，集合 A、B 之间的关系可由它们的边界、内域和外域之间的关系确定。两个点集的六个部分构成九交(nine-intersection)矩阵，可以用下面的矩阵来表达：

$$\boldsymbol{\Gamma}_9(a,b)=\begin{pmatrix} A^\circ\cap B^\circ & A^\circ\cap\partial B & A^\circ\cap B^- \\ \partial A\cap B^\circ & \partial A\cap\partial B & \partial A\cap B^- \\ A^-\cap B^\circ & A^-\cap\partial B & A^-\cap B^- \end{pmatrix}$$

每一种情况又有空(0)与非空(1)两种取值，九交模型能确定 $2^9=512$ 种二元拓扑关系。对于二维区域 $\mathbf{R}^2$ 的八个关系是可以实现的。这些关系为：相离(disjoint)、相接(meet)、交叠(overlap)、相等(equal)、包含(contain)、在内部(inside)、覆盖(cover)和被覆盖(covered by)，如图 3-9 所示。

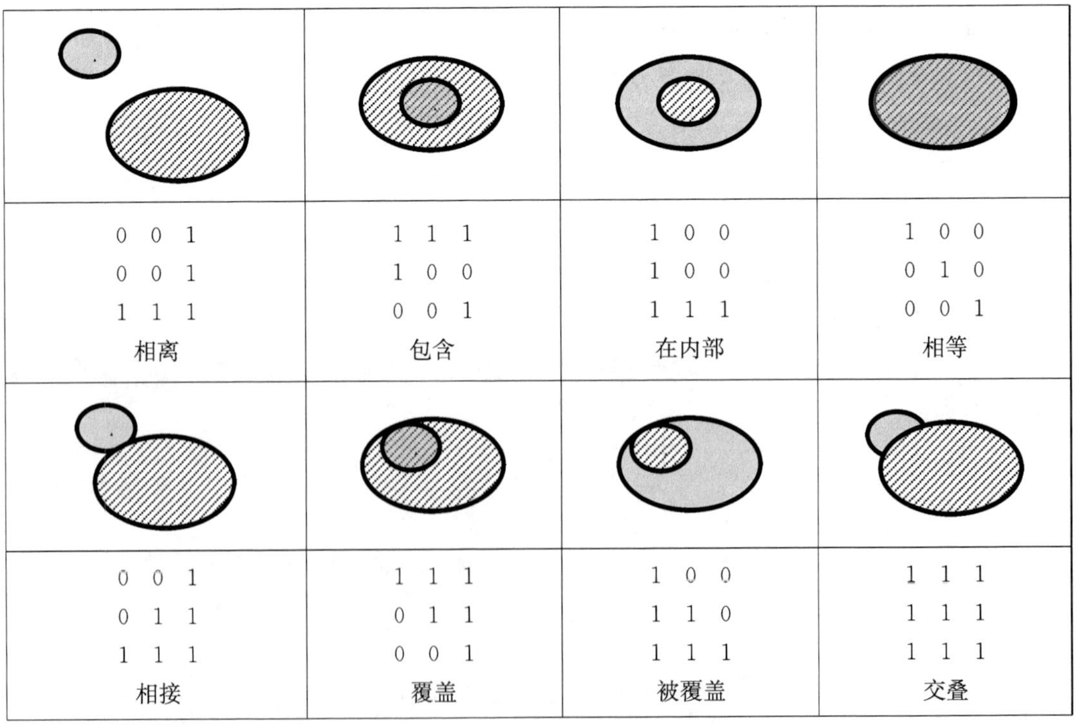

相离	包含	在内部	相等
0 0 1 0 0 1 1 1 1	1 1 1 1 0 0 0 0 1	1 0 0 1 0 0 1 1 1	1 0 0 0 1 0 0 0 1

相接	覆盖	被覆盖	交叠
0 0 1 0 1 1 1 1 1	1 1 1 0 1 1 0 0 1	1 0 0 1 1 0 1 1 1	1 1 1 1 1 1 1 1 1

图 3-9 九交模型(Egenhofer et al.,1989)

3.3.6　空间对象的操作

空间对象的操作可分为：面向集合的空间操作、面向拓扑的空间操作、面向方位的空间操作、面向度量空间的空间操作、面向欧氏空间的空间操作。

(1) 面向集合的空间操作

面向集合的空间操作主要有：并、交、包含、属于等空间操作。

(2) 面向拓扑的空间操作

GIS 将空间几何体分为点、线、面。在 GIS 的拓扑分析中，通常只考虑空间对象的相交与相邻与否等拓扑关系。

(3) 面向方位的空间操作

方位是描述两个物体之间位置关系的一种度量。方位关系可分为三类：绝对方位、相对方位和基于观察者的方位。绝对方位关系是在全球参照系统的背景下定义的；相对方位关系根据与所给目标的方向来定义；基于观察者的方位关系按照观察者参照对象来定义。

对于给定 A、B 两点的地理坐标(ϕ_A, λ_A)和(ϕ_B, λ_B)时，根据大地测量学有关公式，可求出点 B 相对于点 A 的方位角 α 为：

$$\cot \alpha = \frac{\sin \phi_B \cos \phi_A - \cos \phi_B \sin \phi_A \cos(\lambda_B - \lambda_A)}{\cos \phi_B \sin(\lambda_B - \lambda_A)} \tag{3-5}$$

(4) 面向度量空间的空间操作

如果集合 X 中的任意一对点 x 和 y，都存在一个与之关联的实数 $d(x,y)$，称为 x 到 y 的距离（也称为一种度量），且对于 X 中任意的 x, y, z 都满足如下性质：

$$d(x,y) \geqslant 0 \text{ 且 } d(x,x) = 0$$

$$d(x,y) = d(y,x)$$

$$d(x,y) \leqslant d(x,z) + d(z,y)$$

任何满足上述性质的函数称为 X 上的一个度量。

在度量空间中，根据距离函数可以导出对应空间上的一个拓扑结构，因此每个度量空间也是一个拓扑空间。在网络或图环境中，度量空间扮演着重要的角色。优化距离和最短行程时间的查询在度量空间的环境中得到了很好的解决。

(5)面向欧式空间的空间操作

面向欧式空间的空间操作主要是二维和三维欧式空间距离的计算，一般要用标准的欧几里得距离。

第四章　GIS-T空间数据库管理理论与技术

GIS-T应用分析的基础是交通信息空间数据库，交通信息的各种服务与应用必须在GIS-T空间数据库的支持下才能顺利进行。然而，现有GIS-T应用系统设计中，更多的是注重各种应用功能的设计与实现，而对于支撑交通信息管理与应用的空间数据库的数据模型，并未引起足够的重视。很多GIS-T系统未能充分利用GIS的先进管理、分析技术，或者未能在对GIS先进技术进行分析研究的基础上，建立服务于交通规划、建设和管理的先进技术方法。因此，限制了GIS-T的应用与发展。

目前，已有一些道路交通网络数据模型，它们分别应用于交通导航系统、道路管理系统、应急事件处理系统。虽然它们的基础对象是道路，但各种应用系统对路网的定义方法各不相同。不同数据应用模型、数据结构对数据的共享带来了很多困难。因此，需要从各种GIS-T的要求、应用角度出发，设计出一种有利于数据共享、有利于数据派生，满足各种交通地理信息系统应用需要的GIS-T空间数据模型，避免同一区域数据建设的重复处理，浪费宝贵的空间信息资源。

4.1　GIS-T空间数据库

根据数据组织方式和存储数据的内容，目前用于交通规划、建设与管理的交通数据库管理系统一般分为两种：一种是基于关系模型的关系型数据库(relation database)管理系统；另一种是基于空间数据模型的空间数据库(spatial database)管理系统。

关系型交通数据库一般采用关系型数据库管理系统(RDBMS)存储相关的属性数据，如各种道路调查数据、统计数据等。我国目前仍有不少交通数据使用关系型数据库管理，其中不精确地存储交通要素的部分空间数据。

空间数据库以GIS技术为基础，运用GIS技术进行数据库管理与空间分析。在空间数据库中，不仅包括各种交通要素的调查统计数据，而且包括交通要素的精确几何数据(空间数据)，同时存储交通环境数据，为交通分析、交通数据管理提供了详细的信息资源。

从查询处理的角度来看，空间数据库与一般关系型数据库之间至少有三个主要区别(Shekhar et al.，2003)：

① 与关系数据库不同，空间数据库没有固定的运算符集合可以充当查询的基本构件。

② 空间数据库要处理大量的复杂对象，这些对象具有空间范围，而且不能自然地排序成一维数据组。

③ 检测空间谓词需要用到计算量极大的算法，所以不能再假定输入/输出(I/O)代价在CPU的处理代价中占主导地位。

GIS-T 数据库中存储的数据主要包括：交通要素（道路交通网络、道路基础设施）和基础地理数据。GIS-T 数据库是空间数据库的一种，存储的是与交通相关的空间数据和非空间数据。

在为交通系统服务的空间数据库中，不仅应有直接用于交通规划、建设与管理的交通专题数据，而且还必须有相关的基础地理数据。基础地理数据主要包括：境界、水系、居民地、地貌、交通、土地利用等数据。在 GIS 中，基础地理数据通过一般空间数据库进行组织管理，因不是本书研究的主要对象，不作详细介绍。

道路交通网是在一定空间范围（国家、省或地区）内道路等固定技术装备组成的综合体，是道路运输生产的主要物质基础，其空间分布、通行能力和技术装备体现了系统的状况与水平，在道路运输发展中占有十分重要的地位。道路网的结构与水平更直接影响着道路运输系统的功能，对道路运输网结构进行深入的分析，有利于道路网络系统的管理。

道路交通空间网络数据主要包括：现状道路网络，规划中的道路，建设中的道路。对于 GIS 来说，道路交通网络实际上是一种地理网络，具有地理网络的一般特性。GIS-T 中的道路交通空间网络（road traffic spatial network）是道路交通综合数据库的重要组成部分，它构成了许多重要应用的核心。

4.2　GIS-T 线性数据处理相关技术

GIS-T 最基本的三个主要应用方面是交通规划、交通管理和交通建设工程（Vonderohe et al.，1998a）。GIS-T 在交通规划、建设和管理应用中需要的主要功能都与交通网络以及与交通网络相关联的交通要素相联系。与一般的 GIS 应用相比，GIS-T 应用更多的是处理交通设施及与交通设施相关联的线性要素。

本节主要讨论 GIS-T 线性数据应用研究的基础，包括当前用于交通系统线性数据管理的空间网络、线性位置参照系（Linear Location Referencing System，Linear LRS，简称线性 LRS）、动态分段（Dynamic Segment）技术等，并对它们的相互关系进行讨论。

4.2.1　空间网络

在 GIS 及其他专业应用领域中，有一种空间现象具有这样的空间特性：它们的结构是以相互连接及相互作用的线状实体为基本形式，如交通路线、河流水系、地下管网、通信及电力线，这类结构形式的空间对象在 GIS 中称为空间网络（spatial network）。空间网络是区域物质与能源流动的空间载体，大到西气东输、南水北调等资源流动，小到人们日常生活的方方面面，无一不与空间网络休戚相关。以交通网络为代表的空间网络表达与分析已成为地理信息学科、交通学科一个重要的研究领域（Shaw，1993；Mainguenaud，1995；Dueker et al.，1997；Fletcher，1987；Goodchild，2000）。在 GIS 领域中，人们往往等同看待空间信息与地理信息，同样人们也会将空间网络与地理网络视为同义词。

存储空间网络信息的数据库——空间网络数据库（Spatial Network DataBase，SNDB）是空间数据库的重要组成部分，空间对象的相互关系是基于邻近性（proximity）的概念产生的，空间上的邻近性决定相邻对象的行为。但在空间网络数据中，最重要的概念是基于连通性（connectivity）的关系。

空间网络模型是客观现实中空间网络系统的抽象表达，是 GIS 中表达空间现象的一种重要的建模方法。目前，对于空间网络的研究主要集中在网络分析、查询算法方面，一般采用图论或运筹学中的有关算法进行平面图上的路径分析，进行路径查询、资源分配、区域路网可达性评价、个体行为分析和城市空间形态研究等（Mendelzon et al.，1995；Miller，1995；Cherkassky et al.，1996；Miller，2000；陆锋等，2000）。现有的 GIS 软件平台一般都提供网络分析与查询功能。这些功能一般是针对几何及几何拓扑数据进行操作。空间网络数据模型的研究采用与其他专题数据相同的经过平面强化的平面图数据模型，在此基础上引入线性位置参照系、动态分段和地址编码（geocoding）技术，以满足涉及多种属性的动态管理和简单查询（Fletcher，1987；Goodchild，1999；李沃璋等，1996；Dueker et al.，1997；沈婕等，2002，桂智明等，2003，王超等，2008）。基于图论的平面图数据模型强调的是对几何信息的表达。对于空间网络建模而言，强调的是对逻辑网络中节点和弧段的网络拓扑和语义操作过程。缺乏语义建模模型及复杂网络拓扑表达能力的平面图数据模型在空间网络建模中存在一定的缺陷。

网络是关于连通性的一种数据模型，从这种意义上来讲，网络可以是纯拓扑（或称逻辑）性的。GIS 是对空间信息进行加工处理的一种计算机信息系统，可用各种符号对空间特征进行定位描述，用几何数据描述空间特征的位置是 GIS 空间数据的特征之一。但在 GIS 中，几何与拓扑信息可以同时存在于网络结构中。这种集几何与拓扑信息一起的网络结构称为空间网络结构。

空间网络结构是一种描述空间线性系统的数据模型，在美国环境系统研究所（Environmental Systems Research Institute，Inc.，ESRI）的地理数据库（geodatabase）中，空间网络用几何网络（geometric network）和逻辑网络（logical network）表示。

几何网络是参与线性系统的几何目标集合（Zeiler，1999），是组成网络几何特征的表现，是边（edge）和连接点（junction）组成线性连接系统的要素集。一条边与两个连接点关联，一个连接点可以与多条边相连。两条边可以在二维空间交叉而没有连接点，如两条通过立交桥相交叉的公路，这种情况在 GIS 中称为非平面（nonplanarity）强化。

表示边和连接点的要素称为网络要素，只有网络要素可以组成几何网络。

像几何网络一样，一个逻辑网络是由联线（link）和节点（node）组成的。与几何网络不同的是：逻辑网络没有空间信息（逻辑网络中不存储联线和节点的空间位置），它的主要目的是存储网络的连接信息和相关的属性数据。逻辑网络中的联线和节点没有几何数据，ESRI 将逻辑网络中联线和节点称为网络组成元素（element）而不称为网络要素（feature）。几何网络中的边要素（edge feature）和连接点要素（junction feature）与逻辑网络中的边元素（edge element）和节点元素（node element）存在一对一或一对多的关系。

GIS 中逻辑网络总是与一个几何网络联系在一起的。当几何网络通过拓扑编辑改变网络特征时，逻辑网络会自动更新。在一般的 GIS 应用中逻辑网络不直接出现在用户面前，直接出现在用户面前的是几何网络。逻辑网络是各种网络特征运算、操作的基础。图 4－1 为空间网络的概念图，反映了空间网络中几何网络与逻辑网络的关系。

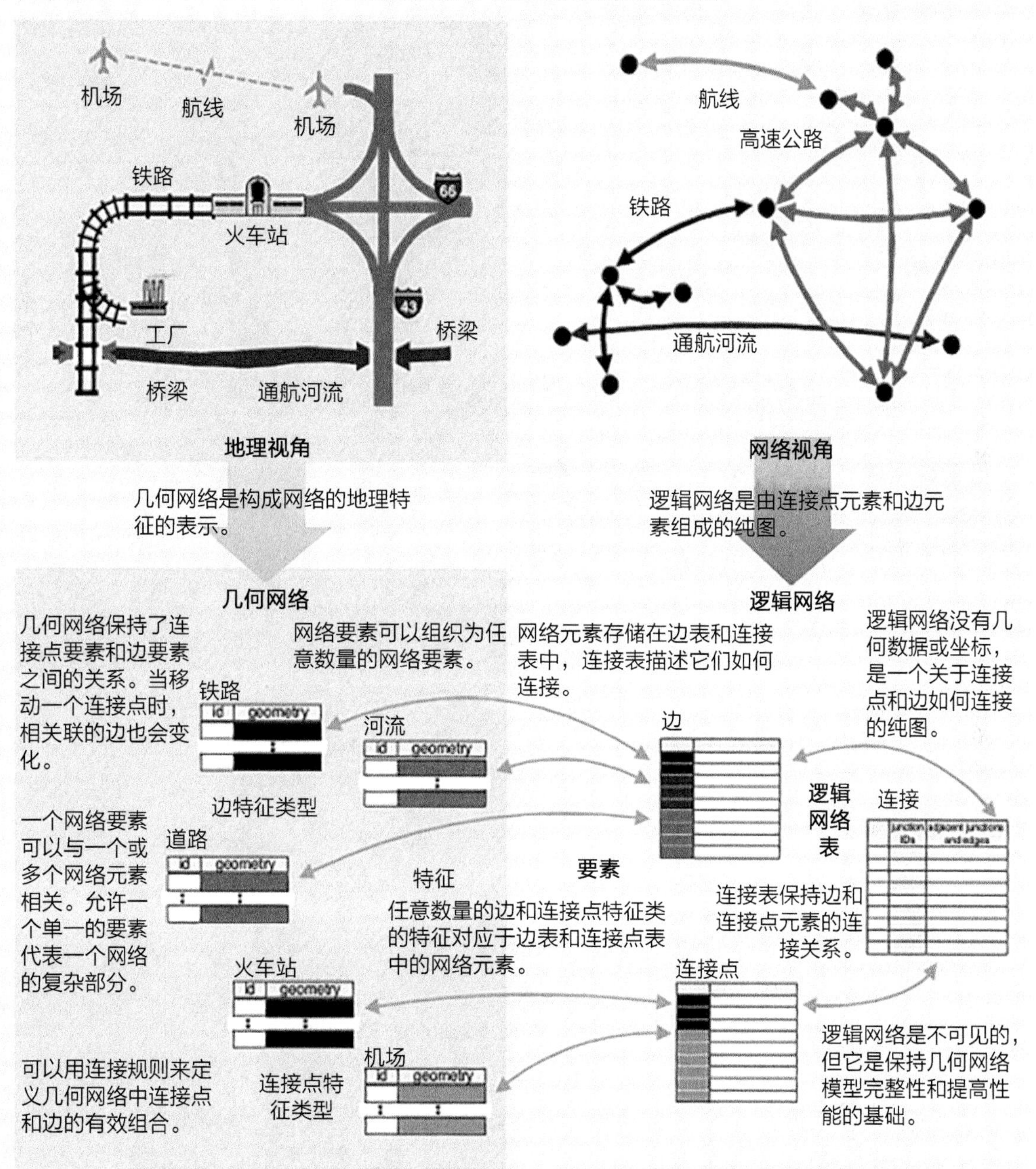

图 4－1　几何网络与逻辑网络的关系(ESRI，1991)

图 4－2 是描述逻辑网络与几何网络的连接表。

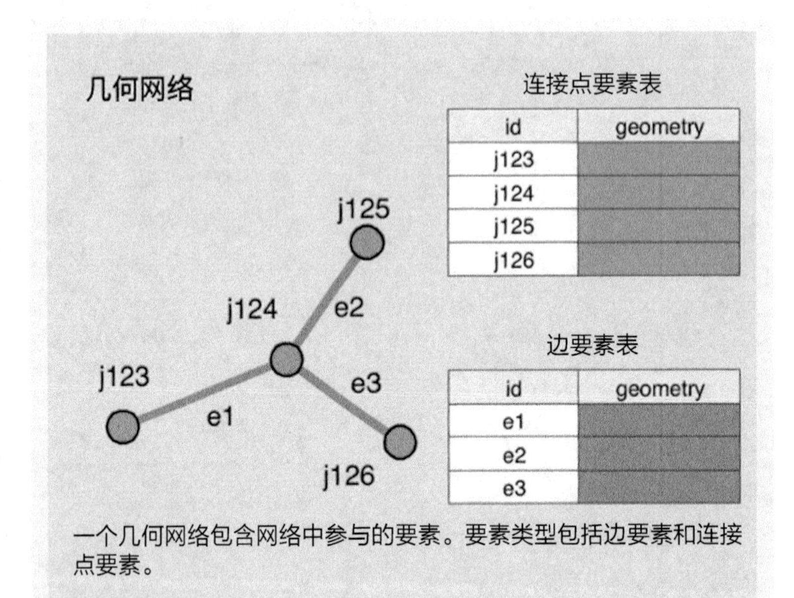

逻辑网络

连接表

Junction	Adjacent junction and edge		
j123	j124, e1		
j124	j124, e1	j125, e2	j126, e3
j125	j124, e2		
j126	j124, e3		

逻辑网络包含网络的连通性。连通性表列出了给定连接的所有相邻连接点以及连接它们的边。

图 4－2　逻辑网络与几何网络的连接表(ESRI,1991)

在空间网络数据模型中,线状要素以边(又称弧段)为基本单位进行存储和管理,在建立描述所有边的空间位置(空间数据)的同时,建立描述边的非空间信息(属性信息)。对于空间数据库中的每条边,属性数据有一条记录相对应,边是建立线性要素的属性数据的基本单位。同一边上所有位置都具有相同的属性特征。

由于现有空间网络的网络运算是通过逻辑网络进行的,几何网络仅是作为一种逻辑网络的表现形式,用来对逻辑网络的维护与数据更新,未能充分发挥几何网络的在空间处理方面的优势。

4.2.2　空间网络的平面数据模型和非平面数据模型

平面数据模型(planar network data model)在 GIS-T 领域得到了广泛应用,成为道路交通系统表达模型的一个主流(李清泉等,2004)。在建立 GIS-T 网络时,首先要对组成网络的线性空间数据进行平面强化(planarize)处理。平面强化是将所有线状要素,在与其他线状要素相交处剪断成多条线的处理过程,是建立点线拓扑关系前的一个步骤。经过平面强化后建立的交通网络平面数据模型,在所有路段的相交处产生一个节点,即使在立交、高架或跨越情况下也不例外。经过平面强化后自动建立的网络模型简单通用,很多最优路径算法都是基于平面网络模型的,平面网络模型被许多 GIS 软件开发商、GIS 应用机构接受和采用。如 ARC/INFO(ESRI ArcGIS 的早期版本)、美国地质调查局(USGS)的数字线划图(Digital Line Graph,DLG)、美国人口调查局的 TIGER 及其前身 DIME 文件。

在网络中,无论是物理意义上的交叉点还是统计意义上的交叉点,平面网络数据模型的全连通特征总要在交叉处产生一个节点,致使网络路线的分段数增加,增加的分段数不仅增加了路段数和产生了不必要的冗余,而且会降低网络分析的效率。

非平面网络数据模型(non-planar network data model)同样由弧段与节点组成,但放弃了平面强化过程,并不要求所有道路交叉处一定产生节点。两立体交叉的道路如果不连通,那么就不产生节点。这种处理方式使逻辑网络与真实世界的道路网络更加一致,避免了非拓扑节点的产生及立体网络中不可能的转向,减少了网络的节点数据与路段数,一个交通网络中的节点数据和路段数减少,更有利于交通网络的分析。

由于非平面网络数据模型放弃了平面强化,导致在网络建立中难以进行弧段/节点拓扑关系的一致性检查,也对网络拓扑关系的自动生成带来一定的困难。基于这种考虑,Fohl 和陆锋提出了基于要素(特征)的非平面数据模型(Fohl et al.,1997;陆锋,1999)。所提出的模型在几何上将整个道路要素作为基本的建模元素。对于几何数据在实际的交叉路口不产生节点,将整条道路作为几何对象存储,即除了道路的真实起点、终点处外,在路线交叉处一般不产生节点。这种方法由于在路线交叉处不产生节点,使得几何数据库所需维护的特征数据量大幅减少(陆锋,1999)。但是,采用这种模型将网络拓扑数据独立表达,网络拓扑和几何数据分开,对拓扑网络的自动生成带来了一定的困难,生成的拓扑网络具有平面网络模型的特点,存在平面网络模型的缺点,不利于按一定要求和目的动态生成相应的拓扑网络。

4.2.3　线性参照

在 GIS 中,地理要素的定位一般采用二维或三维空间参照系(two or three dimensional spatial reference system)。交通信息有其自身的特殊性,一般是线性特征要素,如高速公路、城市道路、铁路、航道等相关信息。大多数 GIS 中,这些要素一般都采用(x,y)坐标在二维空间建模(二维空间参考模型)。对具有静态特征的数据用这种方法可以很好地进行维护。但是,有些交通要素是动态变化的,为此,这类数据一般都习惯采用一维定位模型——线性位置参照方法(Linear Location Referencing Method,Linear LRM),而不是采用空间参照方法。LRM 是一种通过已知一点确定特定位置的方法,它以已知固定点位+偏移量来定位交通要素。位置参照系(Location Referencing System,LRS)是包括位置参照方法的一个程序集。

从理论上讲,对于一个交通事故点的空间定位有种方法:一种方法是直接通过 GNSS 测量出其空间位置(如:123456.00,213465.12),如图 4 - 3 所示(通过坐标定位点事件)。另一种方法是通过道路来进行定位,道路交通事故必定发生在一个网络路段上(如高速公路、城市道路),因此可以通过从路段固定特征点,按一定方向以距离确定,如图 4 - 4 所示。

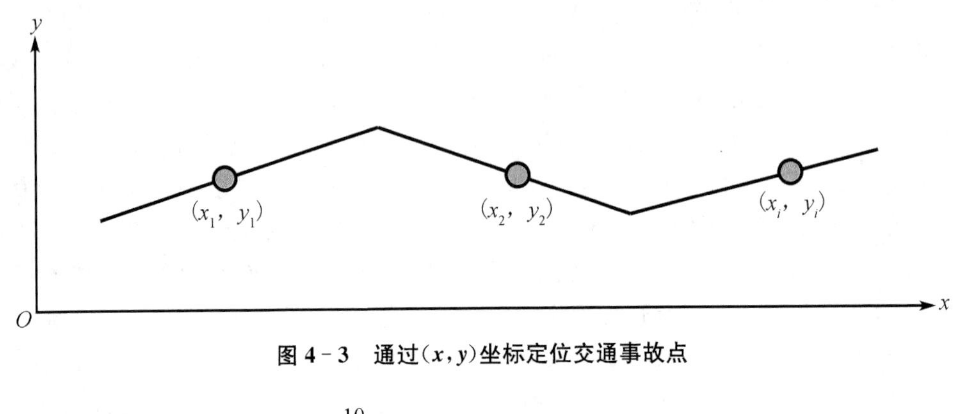

图 4 - 3　通过(*x*, *y*)坐标定位交通事故点

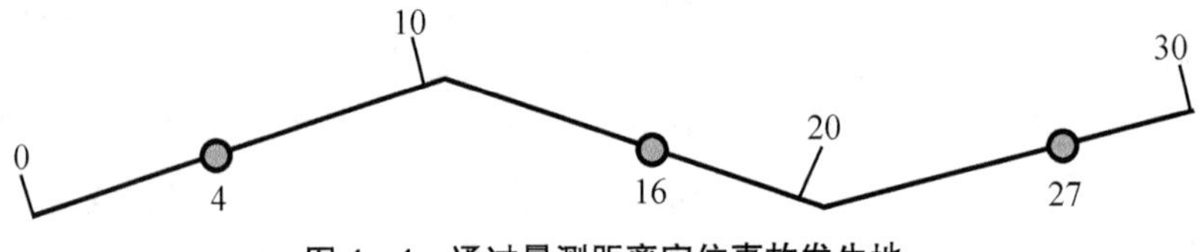

图 4 - 4　通过量测距离定位事故发生地

一般的 GIS 以地理坐标系或地图投影坐标系作为位置参照系,无论地理坐标还是地图投影坐标系都是一种空间参照系,直接描述的是空间对象的绝对空间位置。线性位置参照系是一种一维线性定位方式,是建立在空间参考体系之上的一种相对参照系。通过线性位置参照系定位的制图表现如图 4 - 5 所示。

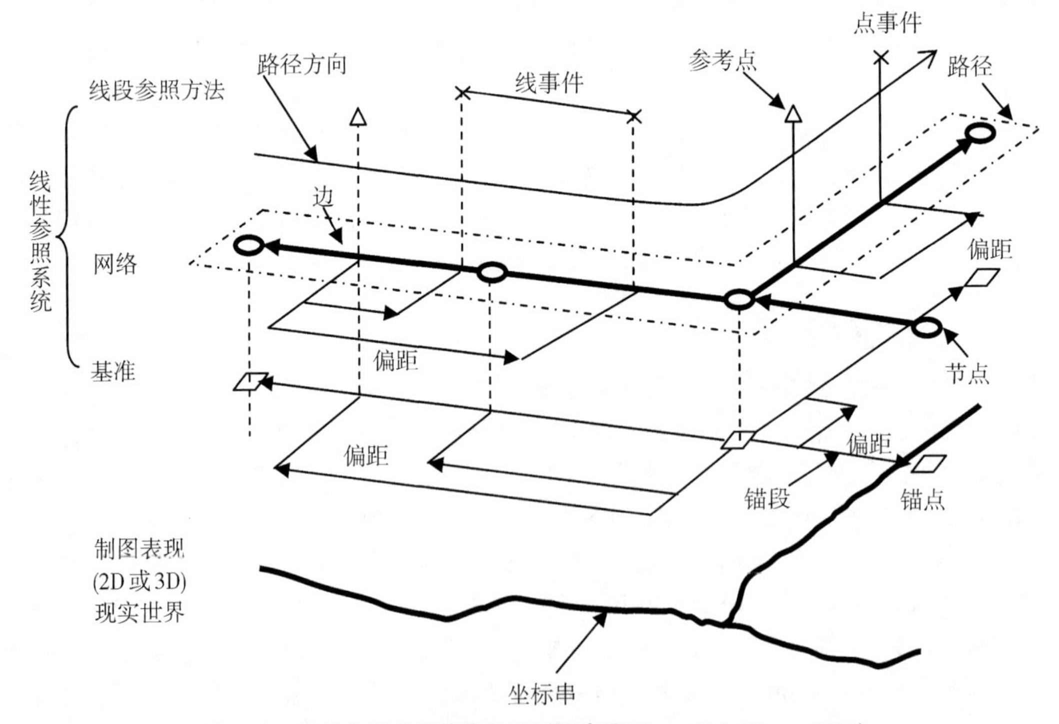

图 4 - 5　线性位置参照系定位和制图表现(Teresa M. Adams,1999)

建立在绝对参照系之上的相对参照系与人类的空间定位方式一致。例如你现在位于南京市北京东路的南京市政府门前，想知道东南大学的正大门（四牌楼2号）如何走，你得到的回答一般会是：沿成贤街一直向前走，当走到十字路口（网络中的一个节点），向右拐，再向前280 m右手即是。这就是日常生活中的空间定位思维方式。在此过程中，运用了自然路网的路段（网络中的联线）——成贤街、道路交叉口（网络中的节点），作为路径的定位。线性LRS是在离散的联线—节点数据结构上建立了一个连续的一维场结构，扩展了GIS空间位置参照系，更加接近人类的思维方式。为基于交通要素的数据建模提供了更加合理的位置参照模型。

但在大多数GIS模型建模中，空间数据是基于二维空间的平面参照系（planar referencing system），GIS中如何统一两种空间参照方式是一个值得研究的问题。

动态分段是交通要素应用中又一种技术方法，线性参照系为动态分段提供了很好的数据模型基础，动态分段技术在许多线性要素中有至关重要的应用。

4.2.4　动态分段

在矢量数据模型中，当一个线性要素的属性值发生变化时，必须分割线性要素。然而，有些线性要素的属性值变化频繁，如图4－6为道路状况变化情况。

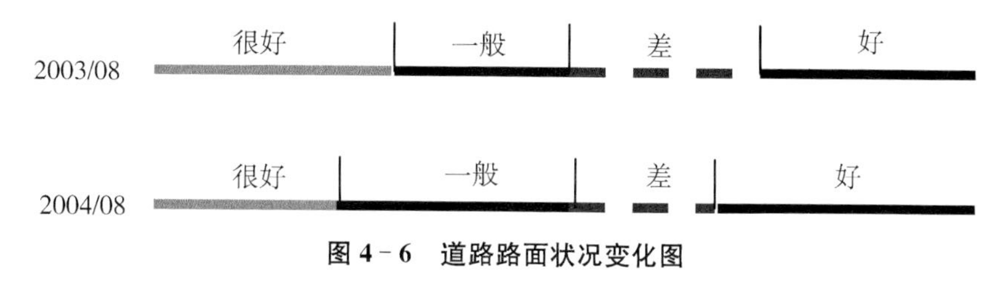

图4－6　道路路面状况变化图

如图4－7是一假设道路G302－1的路面状况等级（Pavement Condition Rating，PCR）、铺面材料、路面宽度图及采用静态物理分段方法的示意。

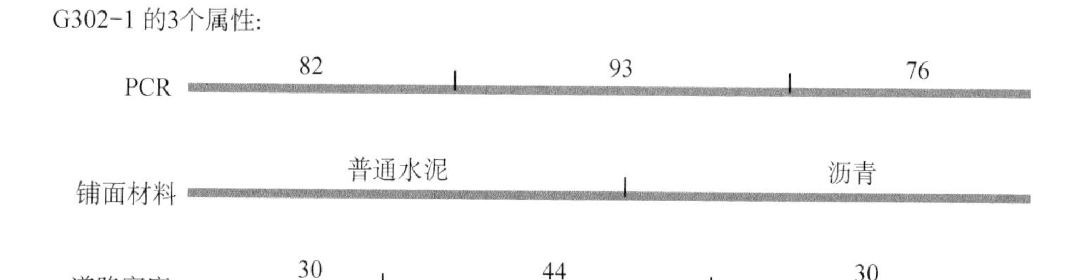

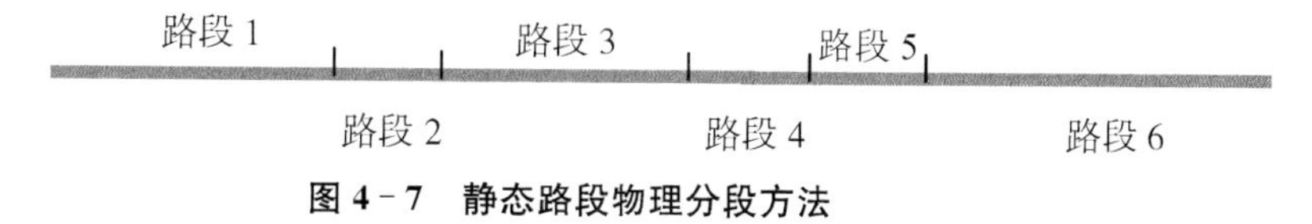

图4－7　静态路段物理分段方法

如果用静态分段方法将得到表4－1的静态路段物理分段属性表。

表 4-1　静态路段物理分段属性

路段号	PCR	铺面材料	道路宽度
1	82	普通水泥	30
2	82	普通水泥	44
3	93	普通水泥	44
4	93	沥青	44
5	93	沥青	30
6	76	沥青	30

在图 4-7 中，一路段具有三个属性(PCR、铺面材料、宽度)，采用静态分段方法需将这一道路分为 3 个属性都相同的 6 段。对于每一分段不需要通过道路交叉口或里程碑与真实世界的逻辑分段完全一致。为了描述这些分段，在 GIS 中必须把图 4-7 道路分成相应的 6 段。在交通要素中，有相当一部分特征是要进行动态跟踪的。在实际应用中，类似事件采用静态分段的方法是非常难以管理的。静态分段的结果是产生过多的、不一致的分段，而这些分段会影响网络的分析和共享(Fletcher，1987；Hickman，1995)。

图 4-8 和表 4-2 描述了用动态分段管理要素(feature)数据的方法。首先给出 G302-1 道路开始与结束处的里程(0.0～30.0 km)，道路上每种特征(属性)用一个表表示，列出特征(属性)值和位置。从表中可以看出，特征(属性)值每一分段的位置用标识于特定道路(G302-1 道路)上的一对里程表示。动态分段通过在 GIS 空间网络中的编码实现分段，不需要对网络进行物理分段。在同一要素或同类要素中，对特征采用动态分段技术使数据库和网络数据库中产生很少的碎段。动态分段有以下 4 个优点(Fletcher，1987)：

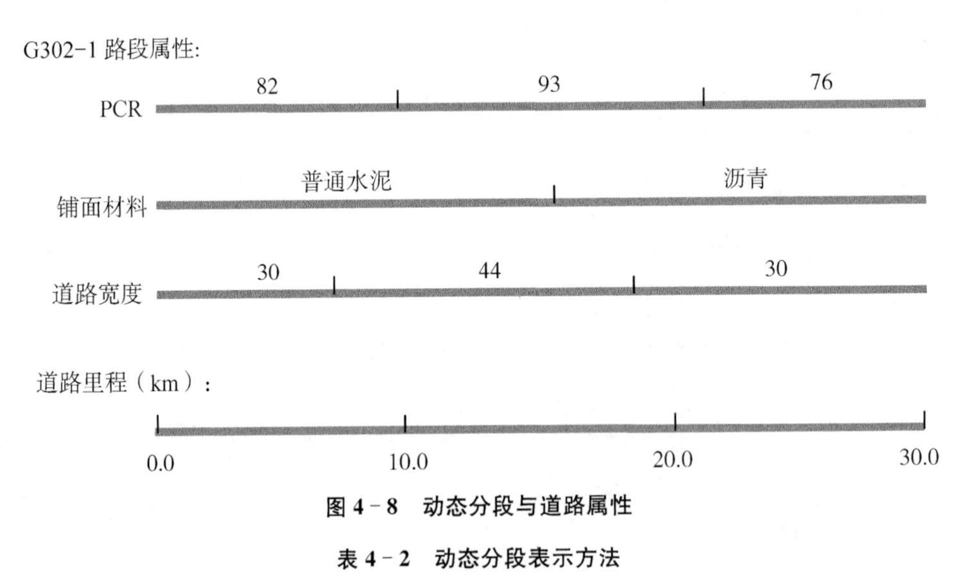

图 4-8　动态分段与道路属性

表 4-2　动态分段表示方法

a. PCR(Pavement Condition Rating)

道 路	From-mp	To-mp	PCR
G302-1	0.0	10.0	82
G302-1	10.0	21.0	93
G302-1	21.0	30.0	76

b. 铺面材料

道 路	From-mp	To-mp	铺面材料
G302-1	0.0	15.0	普通水泥
G302-1	15.0	30.0	沥青

c. 道路宽度

道 路	From-mp	To-mp	宽度
G302-1	0.0	8.0	30
G302-1	8.0	17.0	44
G302-1	17.0	30.0	30

① 一个特征(属性)数据的变化,不影响其他任何特征(属性)数据。

② 可以非常方便地增加和删除一个特征(属性)。

③ 在一个应用中,只需处理特别感兴趣的特征(属性),减少了数据处理量和存储量。

④ 一些实体可建模为节点或弧段(如桥等),这种数据结构不需要二次变换。

通常,动态分段具有以下特点:

① 无需重复数据就可进行多个属性的动态显示和分析,减少了数据冗余。

② 并没有按属性数据集对道路进行真正的分段,只是在需要分析、查询时,动态地完成各种属性数据集的分段显示。

③ 所有属性数据集都建立在同一道路位置描述的基础上,即属性数据组织独立于道路位置描述,独立于道路基础底图,因此易于数据更新和维护。

④ 可进行多个属性数据集的综合查询和分析。

然而,动态分段数据结构在交叉特征的分析中很难直接实现,必须进行叠加分析。

4.2.5　两种位置参照系的关系

交通部门应用的数据大多数具有空间特征。描述具有空间特征的数据需要位置参照系(location referencing system)。描述交通对象位置的参照有两种:地图投影位置参照系,线性位置参照系。地图投影位置参考系(空间位置参照系的一种)是 GIS 中空间对象常用的方法。线性位置参照系是交通要素常用的位置参照系,集成于 GIS-T 的两种位置系统可以共存一体用于交通信息管理与应用,其关系如图 4-9 所示。

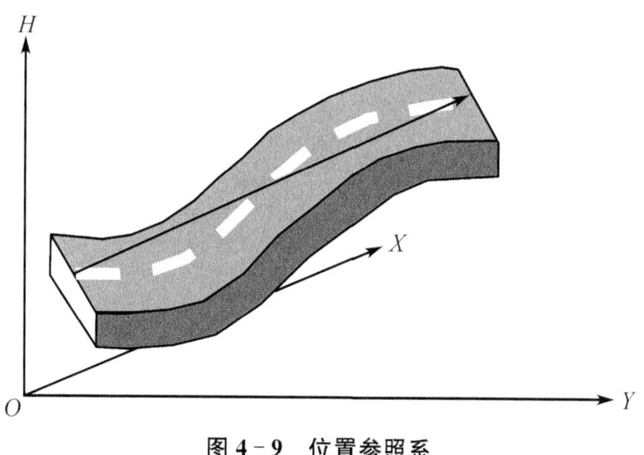

图 4-9　位置参照系

4.2.6 交通线性数据模型相互关系

GIS 研究中一个关键问题是空间实体之间的空间关系问题，Egenhofer（1989，1990）、Wolfgang（1991）等学者将空间关系划分为拓扑关系、尺度关系和序（方向）关系。GIS-T 也不例外，拓扑网络数据模型、线性 LRS 数据模型是两种可以较好描述交通实体空间关系的数据模型。将空间数据模型按空间关系的抽象层次划分为一级空间抽象模型、二级空间抽象模型和三级空间抽象模型。一级是基于绝对空间参照系，可直接或间接描述拓扑、尺度和序三种空间关系的全空间关系数据模型；第二级是基于相对空间参照系，描述尺度、序空间关系的数据模型；第三级是仅描述拓扑关系的数据描述。

对于交通网络的描述而言，基于绝对空间参照系的空间关系描述采用地图投影基准（欧氏空间）或采用地理参照系作为基准，空间实体关系可直接在数据模型中描述或通过空间坐标系运算建立。基于相对空间参照系的空间关系描述以线性参照系作为基准，是绝对空间的抽象。在这种相对空间中，可描述空间对象之间的序关系和尺度关系。通过拓扑空间可以建立拓扑关系，是空间关系的进一步抽象。

上述提到的几何网络模型、LRS 模型和逻辑网络（拓扑网络）模型通过不同数据结构描述交通实体的空间关系。从以上分析可以得出，几何网络模型采用绝对空间参照系，真实反映交通系统的空间几何位置关系，是交通系统的一级抽象；LRS 数据模型采用相对空间参照系，是对几何网络的进一步抽象，可以反映交通要素的尺度关系和序关系；逻辑网络（拓扑网络）模型采用拓扑空间作为基础，只反映交通要素的拓扑关系，是抽象程度最高的一级。抽象的结果是不断对信息进行综合的过程，交通网络及线性基本数据模型的关系如图 4－10 所

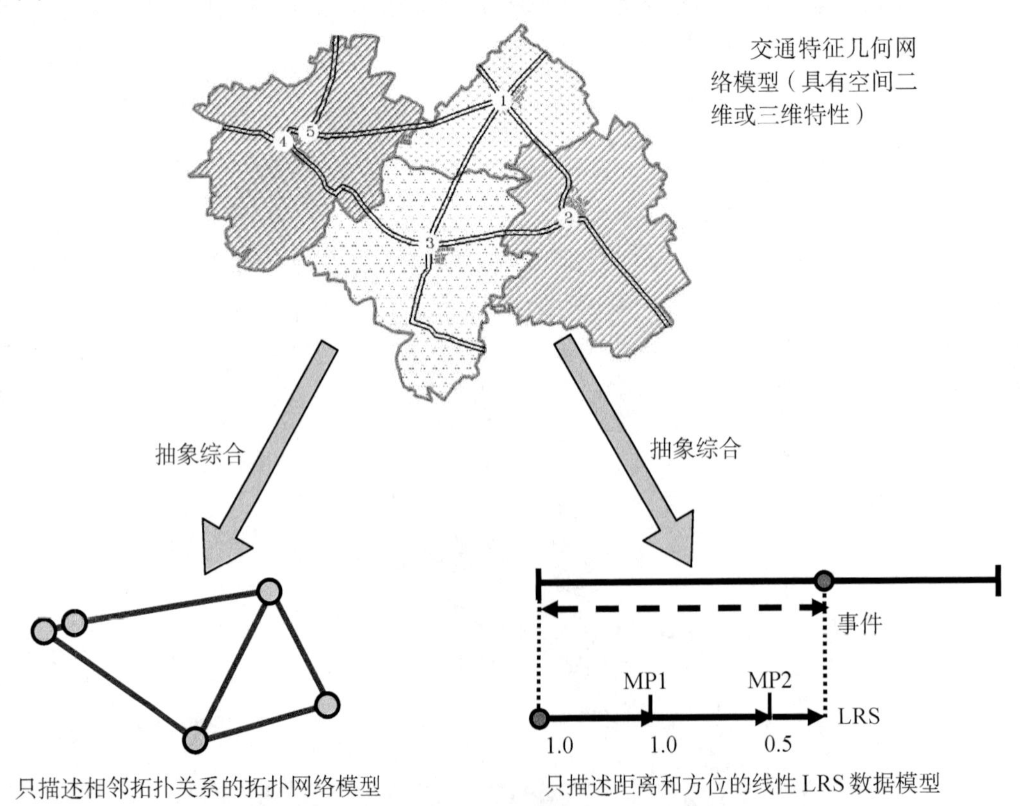

图 4－10　交通特征三种数据模型之间的相互关系

示。几何网络通过综合，把二维或三维空间用一维空间描述，派生出一维的 LRS；几何网络通过简化空间（一维、二维、三维）描述，只描述交通要素的拓扑关系，派生出拓扑网络。

4.3　GIS-T 线性数据模型

对 GIS-T 的线性数据模型的研究一直是一个热门的研究课题，现有学术论文和研究报告已提出了一些线性参照方法（Linear Referencing Method，LRM）。国家公路合作研究计划（The National Cooperative Highway Research Program，NCHRP）把 LRM 分为面向标志（sign-oriented）的（如里程碑、参照标志）和面向文档（document oriented）的（如里程点、参考点、道路交叉点）（NCHRP，1997）。各种线性参照方法的优缺点也有很多的讨论。Adams 等（2001）对 route-mile-point，rout-reference-point-offset，link-node 进行了分析，Deighton 等（1994）分析了 mile point，mile post，reference point 和 reference post 方法的优缺点。

在美国，各州的交通管理部门对各种线性参照方法的使用也未能达成共识，所使用的参照方法各不相同，mile point，county route mile point，reference point，reference post，link-node 等方法都在不同州的管理系统中都有应用。即使在同一个州的不同部门，甚至同一个州的不同应用系统和数据库中也会使用不同的线性位置参照方法（LRM）。线性位置参照方法的不统一，导致了各种数据难以集成与共享。

作为 NCHRP 20-27(2)的活动组织，1994 年，由 Alan Vonderohe 召集，42 个政府、院校及工业组织参加的研究集体对线性参照系通用数据模型进行研究，提出了 NCHRP 20-27(2) 数据模型（NCHRP 20-27 model）。基于同样的目的，Scarponcini 提出了“综合模型”（Generalized Model），Dueker 等（1997）提出了“GIS-T 专业数据模型”（GIS-T Enterprise datamodel，Dueker-Butler Model），ISO GDF 4.0（地理数据文件）（Geographic Data Files Standard，ISO-GDF）（ISO 1999）是欧洲的道路数据标准。

4.3.1　ISO-GDF 5.0

ISO GDF 5.0（地理数据文件，Geographic Data Files Standard，ISO-GDF，ISO 14825：2011）是为智能交通系统（ITS）应用程序和服务指定了地理数据库的概念数据模型、逻辑数据模型和物理编码格式，包括此类数据库潜在内容的规范（功能、属性和关系的数据字典），如何表示这些内容以及如何指定有关数据库本身的相关信息（元数据）的规范。尽管 ISO GDF 是为 ITS 定义的数据模型，但它的设计需求超出了一般 ITS 的应用范围，可面向多种应用，如车（船）队管理、交通分析、高速公路管理与维护等，目的是为将来更好地与其他地理信息数据库标准一致。

GDF 把相关要素（feature）分为三个层次：Level 0，Level 1，Level 2。

Level 0 描述基本几何（geometrical）和拓扑（topological）实体。实体是基于二维或三维坐标空间（2D or 3D coordinate space）的节点（node）或点（dot）（零维）、边（edge）或曲线（polyline）（一维）、面（faces）或多边形（polygon）（二维）。Level 0 的实体关系如图 4－11 所示。

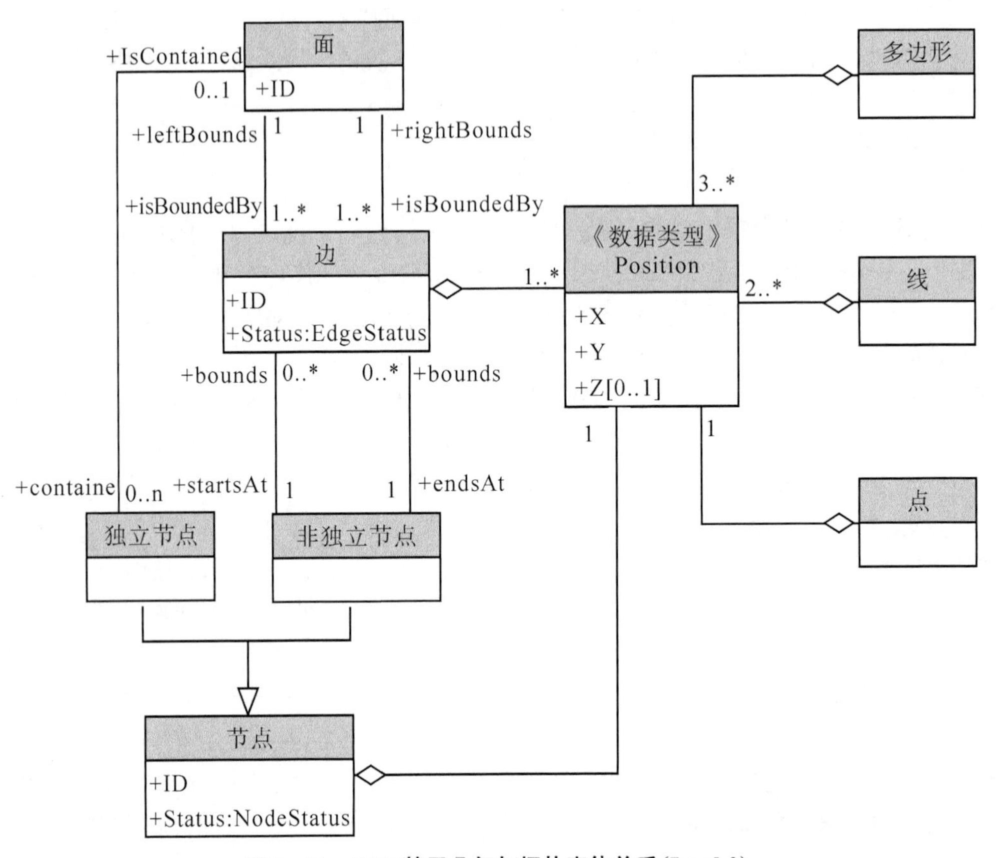

图 4－11　GDF 基于几何与拓扑实体关系(Level 0)

在 Level 0 中实体间有三种图形拓扑关系：

隐式拓扑：在几何对象中，不显式表示拓扑关系。实体间的拓扑关系可以通过坐标运算获得。

连接(connectivity or network)拓扑：零维或一维基本几何对象间的拓扑关系全部显式地描述出来，图形是未经过平面强化的。

全拓扑关系：描述了零维、一维和二维基本几何对象的全拓扑关系。图形是经过平面强化的。

Level 1 由简单要素(simple feature)组成。在这一层中，增加了描述现实世界地理对象的属性，用 Level 0 的实体描述几何和拓扑信息。简单要素可描述拓扑关系或非拓扑关系。每一个简单要素可能是点、线或面类型。Level 1 的简单要素如图 4－12 所示。

Level 2 可描述复合要素(complex feature)，复合要素是由简单要素和其他复合要素聚集而成。在 Level 2 中，可以定义拓扑关系(如复合要素的连接拓扑)，无拓扑的简单要素不能聚合成复合要素。这一层中的要素可能是道路、交叉口及交叉口的环形连接道路。Level 1 和 Level 2 的拓扑要素如图 4－13 所示。

GDF 的主要目的是提高数据采集和处理的效率，并以此为平台，建立应用和一些增值服务(Nicholas，2002)，提供数据交互格式，促进数据间的转换。GDF 是一个通用标准，非应用的详细数据模型，在此基础上可建立针对特定应用的数据模型。

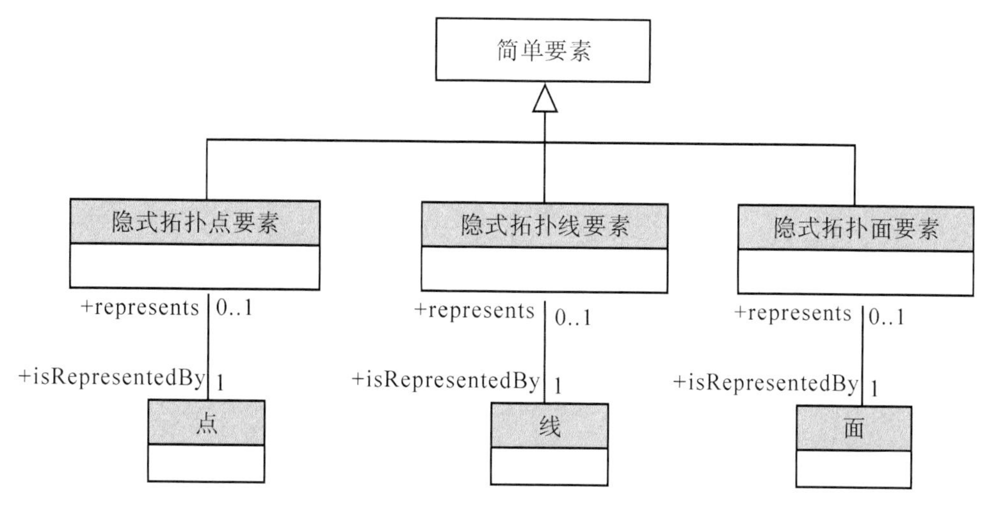

图 4-12　GDF 隐式拓扑要素(Level 1)

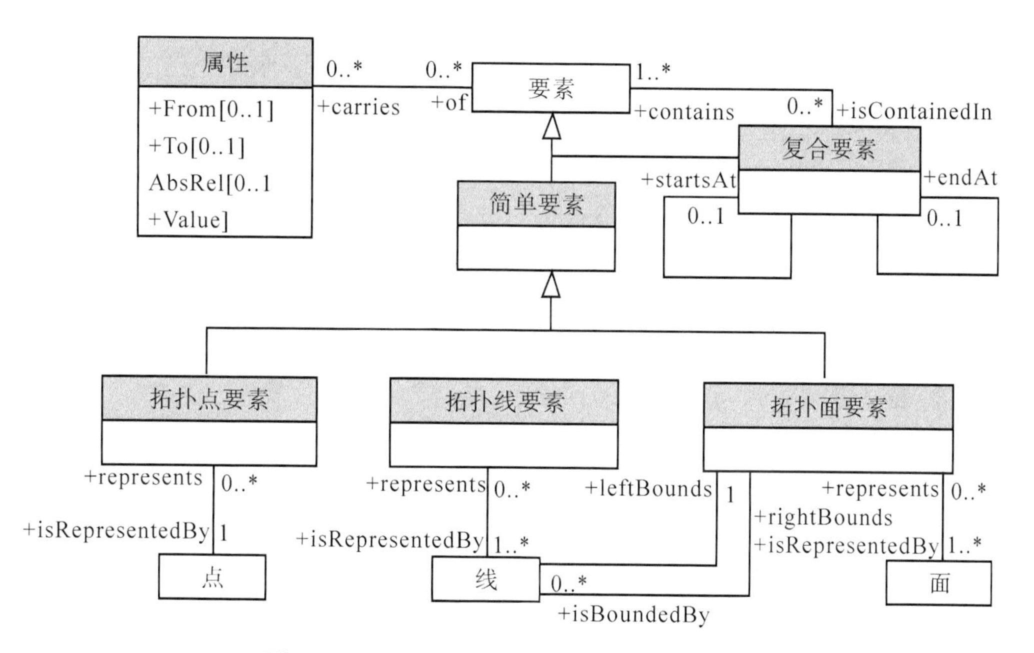

图 4-13　GDF 显式拓扑要素(Level 1 和 Level 2)

4.3.2　NCHRP 数据模型

NCHRP 模型是 1994 年 8 月在密尔沃基举行的 NCHRP 20-27 学术会议上提出的。图 4-14 是 NCHRP 20-27(2) 数据模型概念图。NCHRP 模型是一个 5 级概念模型,它把空间数据分为制图表现层(map presentation layer),基准层(datum layer),网络拓扑层(network topology layer),位置参照方法层(location referencing method layer),专业数据层(business data layer)(如:交通事故,铺面类型)。专业数据以在道路中的事件(event)表示,事件的定位用映射到拓扑网络上的线性参照系。拓扑网络再映射到线性基准(linear datum)上。各种来源的制图表现也可以映射到线性基准上。

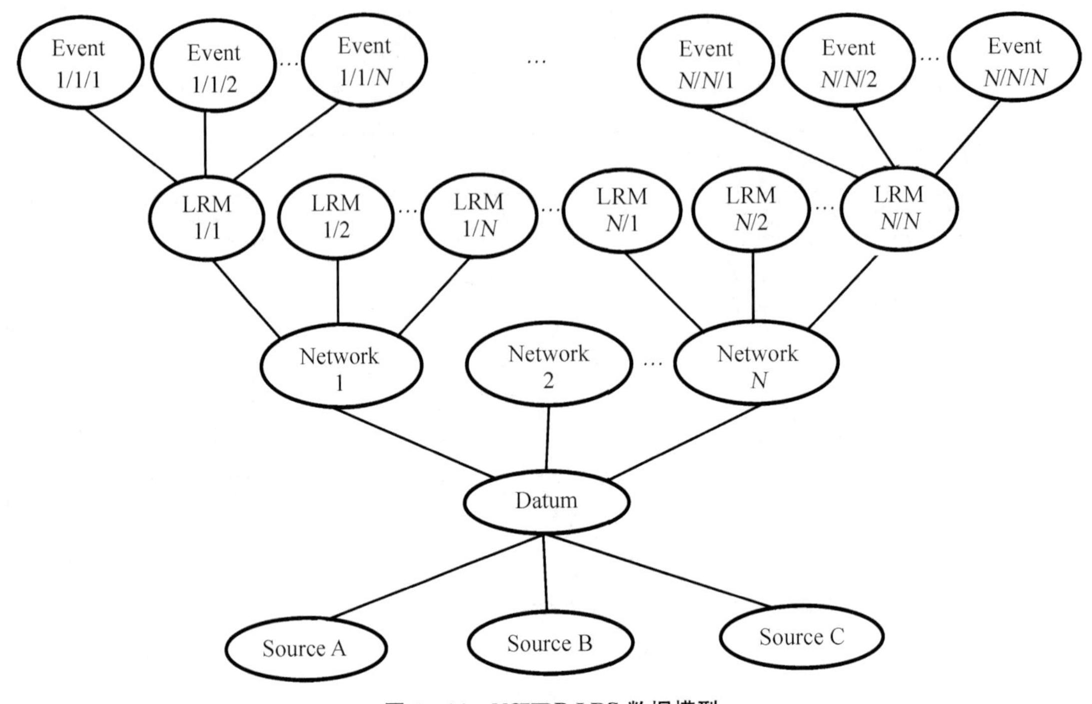

图 4-14　NCHRP LRS 数据模型

线性基准层由锚点(anchor point)和锚段(anchor section)组成,可连接各种网络和多种地图表达,实现不同数据间的共享。锚点是真实世界中具有确定位置的明显地物点,锚段表示真实世界中的路段,与一对锚点相连接。与锚段关联的仅有属性是长度。线性基准提供了一个可能不完整的联线/节点(link/node)网络,锚段允许在没有锚点的位置交叉。图 4-15 为 NCHRP 中要素的映射关系。

拓扑网络由相互连接的节点和联线组成,网络的节点与线性基准的锚点不是一一对应的关系,即节点不一定在锚点位置上。为了把网络映射到线性基准上,给出节点沿锚段的偏移距离。在两锚段相交处不存在锚点的情况下,分别给出节点与两条锚段的参照(偏离距离)。

在 NCHRP 模型中拓扑网络的后一级由一系列位置参照法(Location Referencing Method,LRM)组成。路径(traversal)是描述 LRM 的主体,其他对象的定位是通过沿路径量测距离进行的,一条路径映射到一条或多条逻辑网络连接上。

事件有两种类型:一种是点事件,另一种是线事件。点事件出现在单一点位置上(如交通事故),线事件是以两个点为界的路径中间(如一条道路上的沥青铺面)。当与 LRM 相联系时,这些定位点表示为路径上的路径参考点(Traversal Reference Point,TRP)。在线性基准上定位一个事件时,首先把事件位置投影到 LRM,其次映射到网络,最后再映射到锚段。

NCHRP 20-27(2)数据模型中的源(source)涉及地图制图表现或者是一个 GIS 地图上的线,这些线没有起点和终点的严格限制,允许不连续。断点不一定出现在锚点、网络节点或路径参考点位置,线的定位用沿锚段的偏移量表示。因此,NCHRP 20-27(2)模型使事件通过 LRM、网络和线性基准投影传递到相应的线上。

NCHRP 20-27(2)模型为了满足以下四个基本要求而设计(Vonderohe et al.,1997):① 确定在本领域中感兴趣的事物的位置;② 这些事物在位置参照数据库中的定位;③ 把领

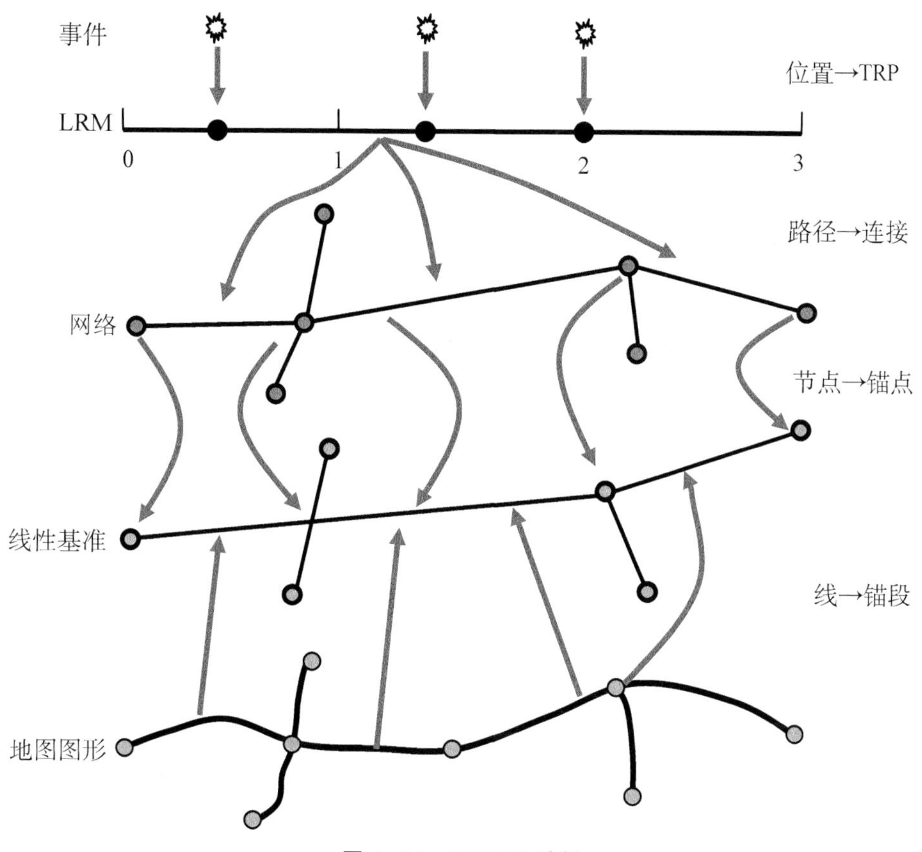

图 4-15　NCHRP 映射

域中感兴趣的事物置于已知的位置；④ 在各种方法中传递线性位置参考。NCHRP 20-27(2)是一个好的理论模型，有助于术语标准化(这在一个新的技术领域是非常重要的)，用稳定的线性基准的 LRS 主干代替在实际中应用不稳定的路径参考系统(route-reference system)。这个模型适合多重网络和图形的表现(这一点在应用中是非常需要的)。NCHRP 20-27(2)数据模型包括多重线性定位参照方法、多重制图表现和多种网络表现。数据集成通过方法、网络和制图表现传递进行，而方法、网络和制图表现与中心对象线性基准相联接。

NCHRP 20-27(2)数据模型被认为是执行起来不够灵活和困难的一种数据模型，特别是在面基准层的维护上(Paul,1999)；同时，模型是基于线性要素的数据模型，没有基于空间参照系，而 GIS 的最大特点就是二维，三维的空间特征，并可在二维或三维的空间上进行可视化，基于线性 LRS 的 NCHRP 20-27(2)模型，虽然可以用图形描述，但还不能更加直观地反映交通的空间特征，模型中没有时间参照基准。

4.3.3　综合模型

Pual Scarponcini(1999)认为 NCHRP 20-27(2)数据模型需要一个更简捷和灵活的执行模型。NCHRP 模型的 5 层结构中下部 4 层都有线性元素，如图 4-16 所示。

LRM 有路径，网络有连接，线性基准有锚段，地图制图表现有线。如果 NCHRP 避免事件的定位直接对应于网络、地图制图表现，线性基准的中心作用将有所缓和，那么，模型下层 4 级可合并为单独一级——LRM，如图 4-17 所示。

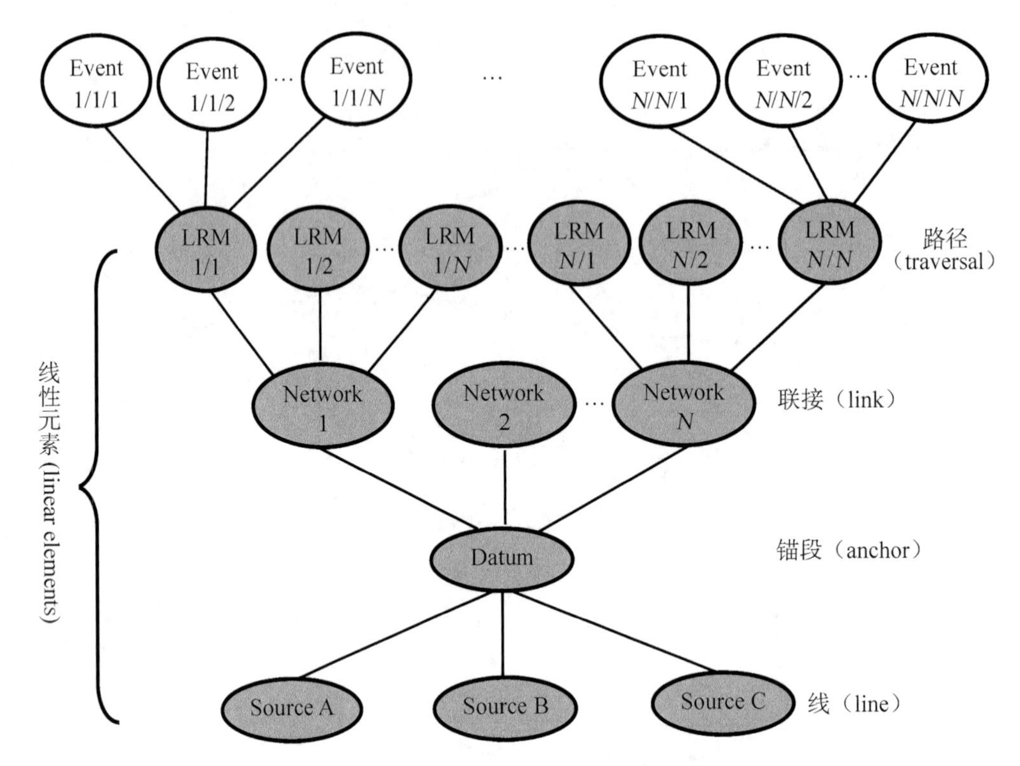

图 4-16　NCHRP LRS 数据模型的线性元素综合(Paul Scarponcini，1999)

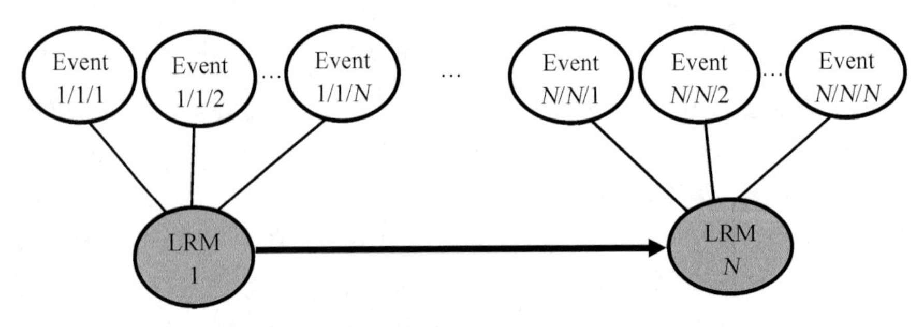

图 4-17　综合模型(Paul Scarponcini，1999)

用于线性参照系的综合模型 ($\sum\gamma$) 由一系列线性参照方法(M)、与每一种线性要素类型相对应的或相关的元素(E)以及一系列在位置、线性元素或 LRM 之间变换的表达(T)组成：

$$\sum\gamma = (M, E, T)$$

为了减少 NCHRP 20-27(2)数据模型分层数，综合模型中 NCHRP 的 5 级(事件，LRM，网络，线性基准，源)是可选的。如果不需要进行网络追踪或者线性基准是完全连接的，那么在路径层与线性基准层之间网络层是不需要的；如果只包括很少的 LRM，并且直接变换也是可以实现的，与通过线性基准转换相对应的 LRM 转换方法是恰当的，那么线性基准就不是必须层；如果地理定位不是必需的，那么地图制图表现也不是必需的层。5 级 NCHRP 模型可以用综合模型实现。

4.3.4　Dueker-Butler 模型

Dueker 和 Vrana 于 1992 年提出了一个线性 LRS 数据模型并于 1995 年进行了扩展，Dueker 和 Butler 又于 1997 年提出了 GIS-T 企业级数据模型（GIS-T Enterprise Data Model），2000 年提出了一个交通数据共享地理信息系统框架（A Geographic Information System Framework for Transportation Data Sharing），介绍了从简单到复杂的 E-R 设计模型。简化的数据模型如图 4－18 所示。详细的数据模型可见相关文献（Dueker et al.，1997）。

在 Dueker-Butler 数据模型中，共有 4 个实体组：交通要素（transportation feature）、网络要素（network feature）、线性 LRS（Linear LRS）、地图制图对象（cartographic object）。

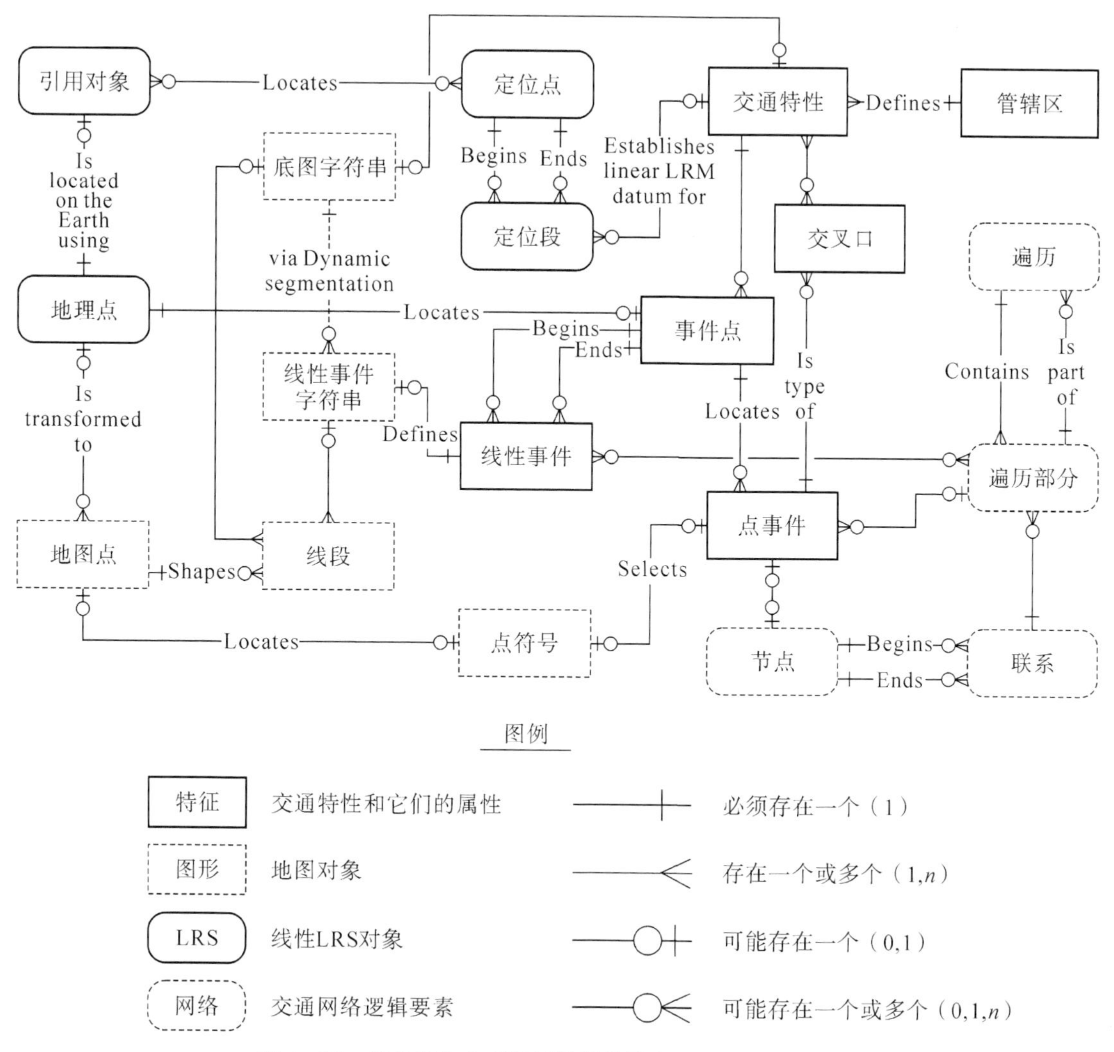

图 4－18　简化的专业 GIS-T 数据模型（Dueker et al.，1997）

4.3.4.1　交通要素及其属性

交通要素组包括 6 个实体：区域（jurisdiction）、交通要素（transportation feature）、事件点（event point）、线性事件（linear event）、点事件（point event）和交叉点（intersection）。实体

及其关系如下：

区域(jurisdiction)：政治区划或其他为了指明交通要素的区域和名称，仅用于定义交通要素的地理范围和名称，没有其他作用(如某个县、市具有维护责任)。与其他对象的关系(relationship)：区域定义一个或多个交通要素，交通要素必须定义在区域中。

交通要素(transportation feature)：交通系统中确定的组成元素。一个交通要素可能是一个点(如交叉点、桥)，一条线(如公路、铁路)或者是面域(如飞机场)。有些交通要素可以包含其他交通要素。与其他对象的关系：交通要素可以有一个或多个事件点，事件点必须被定义在单独的一个交通要素上；交通要素可以包含一个或多个交叉点，交叉点可能被一个或多个交通要素拥有。

事件(event)：交通要素的一种属性、突发事故、偶然现象或物理特性。属性包括功能分级、限速、铺面类型或道路编号。事件不是有形的，但可以描述一个有形的组成元素(如公路)。突发事故、偶然现象包括交通事故和交通工程。物理特性包括车道数、栏杆、标志、桥、交叉点及其他有形的组成元素。事件又分为三种：点事件，线事件和面事件。

事件点(event point)：位于交通要素上的事件的位置。事件点的定位用于交通要素开始点偏移的距离测量。事件位置用真实世界的量测单位存储，除了可以通过测量沿交通要素的线性距离外，还可以直接通过坐标系统量测，如数字化地图、地形测量或GNSS实地测量。与其他对象的关系：一个交通要素可以拥有一个或多个事件点，事件点必须定义在一个交通要素中，一个事件点可定位一个或多个点事件，点事件必须通过一个事件点定位，事件点可能位于一个或多个线事件的开始或结束事件点，事件点表示地理点，地理点定位事件点。

交叉点(intersection)：被多于一个的交通要素拥有的特殊点事件。与其他对象的关系：交叉点必须与一个或多个事件点对应，事件点可以表现为一个交叉点，交叉点必须包括一个或多个交通要素，交通要素可以拥有一个或多个交叉点。

4.3.4.2 网络要素及其属性

网络要素包括4个含有交通网络连接(拓扑)信息的实体：节点(node)、联线(link)、路径(traversal)、路径段(traversal segment)。网络可再分为联线，联线的开始与结束位于节点上。路径是由通过网络的路径段组成，每一条路径由一条或多条联线及其属性组成。

节点(node)：零维对象，表示两条或两条以上联线的拓扑联接，或一条联线的终点。与其他对象的关系：节点可以表示一个点事件；节点可以是一条或多条联线的起点，也可以是一条或多条联线的终点。

联线(link)：一维对象，表示节点间的逻辑连接。与其他对象的关系：联线必须起始于一个节点，终止于一个节点。联线可以是路径段的一部分。

路径(traversal)：通过交通网络由路径段组成的路线。与其他对象的关系：路径包括一条或多条路径段；路径段可以是一条或多条路径的一部分。

路径段(traversal segment)：一条联线及其相关的属性。与其他对象的关系：路径段可能是一条或多条路径的一部分；路径段可能包括一个或多个点事件的属性；路径段可能包括一个或多个线性事件的属性；线性事件可能适用于一条或多条路径段；点事件可能适用于一条或多条路径段。

4.3.4.3　线性LRS对象及其属性

线性LRS对象包括四个实体：锚点(anchor point)、锚段(anchor section)、参考对象(reference object)和地理点(geographic point)。

锚点(anchor point)：零维目标，表示锚段的起点和终点，并且与基于地球的位置相关联，地球上的位置和关联的交通要素是基于属性(mandatory attribute)的。通过存储锚点基于地球的位置坐标和线性位置参考坐标，数据库模型提供一种使交通要素与地表相关联的注册机制。与其他对象的关系：锚点通过一个或多个参考对象定位；锚点可能是一个或多个锚段起点，也可能是一个或多个锚段的终点。

锚段(anchor section)：一维对象，提供所有或部分交通要素的逻辑表达，长度是其基本属性。与其他对象的关系：锚段可以为一个交通要素建立线性LRS；交通要素可以通过一个或多个锚段定义；锚段必须开始于一个锚点，终止于一个锚点。

参考对象(reference object)：其位置与锚点是很容易关联、可重新定位的物理对象。与其他对象的关系：参考对象通过地理点(有坐标描述)定位于地球表面；参考对象用于定位一个或多个锚点。

地理点(geographic point)：零维对象，带有参考对象的真实世界(基于地球)的位置。与其他对象的关系：地理点可以定义参考点，地理点可以转换为一个或多个制图点，事件点表示地理点，地理点定位于事件点。

4.3.4.4　制图对象

制图对象包括5个制图实体：制图点(cartographic point)、线段(line segment)、基本地图链(base map string)、线性事件链(linear event string)和点符号(point symbol)。

制图点(cartographic point)：地图上二维或三维的独立点。

线段(line segment)：两个制图点之间的连接线。与其他对象的关系：线段由两个制图点确定；线段可能是基本地图链的一部分，也可能是线性事件链的一部分。

基本地图链(base map string)：一个相互连接的无分叉的线段序列，通常用一个顶点序列描述，用于定义交通要素的形状。与其他对象的关系：基本地图链用于描述一种交通要素的形状和位置；基本地图链由一条或多条线段组成。

线性事件链(linear event string)：一个互相连接的无分叉的线段序列，通常用一个顶点序列描述，用于定义出现在交通要素上的线性事件的形状。与其他对象的关系：线性事件链必须表现为一个线性事件；线性事件链必须由一条或多条线段组成。

点符号(point symbol)：表示点状真实世界特征位置和种类的制图对象。与其他对象的关系：点符号可以用制图点定位于地图上；点事件可以通过点符号表示。

Dueker-Butler数据模型表达了一个从简单到复杂模型的实体关系设计过程，以事件为中心，基准主要应用于提高数据精度，而NCHRP模型是以基准为中心的。事件可直接与网络对象、制图几何对象、线性基准对象连接，即事件参照可直接建立在基准对象上，将网络拓扑与基准对象完全分开。在NCHRP模型中，通过网络拓扑与基准连接。

4.3.5　GIS-T数据模型比较分析

现有GIS-T数据模型以平面静态结构为主，三维空间GIS-T(3 Dimensional GIS-T)、时态GIS-T(Temporal GIS-T)逐渐成为GIS-T领域研究的热点，时空关系是空间、时间和多种专题共同作用形成的，单纯对空间和时间进行存储，并不能完整体现时空特征。

现有 GIS-T 数据模型基本上是在二维空间的基础上发展起来的，主要存在以下一些问题(Nicholas，2002；李清泉等，2004)：

① 缺少应用级的可执行的 GIS-T 线性数据模型。大多数模型由于太复杂而难以设计物理模型，或应用起来太模糊，很少在大范围推广应用。

② 数据共享困难，标准、术语不统一。目前 GIS 虽然制定了一些标准，但还存在一些不确定的或模糊的定义，甚至存在没有涉及的内容，并且遵循这些标准的机构不多。由于标准、术语的不统一，数据共享困难，维护工作量大。

③ 不能对交通要素、事件进行动态跟踪管理。交通网络是特定时刻的交通网络，并随着时间的变化而变化(如道路等级的提高，路段空间位置的变化等)，交通系统中常用的动态分段技术并不支持此功能，基于动态分段模型发展起来的线性数据模型基本上不具有时态数据的管理能力。

④ 不适应交通规划的智能化。交通网络规划需要对交通需求进行分析，起讫点(Origin，Destination)的调查(OD 调查)在交通规划中占有极为重要的地位(王炜等，2000)，现有数据模型很难处理交通区之间的 OD 信息，更谈不上 OD 信息在交通网络中的分配处理，OD 信息的显示分析功能。

⑤ 现有交通要素模型一般采用两种位置参照系——二维空间参照系(2D Spatial Referencing System)、线性位置参照系(Linear LRS)。然而，应用于同一 GIS-T 的参考系统如何相互定位，特别是线性参考与空间参考的转换在现有 GIS-T 数据模型中未能很好地解决。

⑥ 不能很好地解决基于线性参照系与空间参照系的线性数据的相互转换。路径量测的校准是一个有效的解决空间参照系到线性参照系转换的方法，然而，最根本的解决基于两种位置参照系转换的方法是基于 GIS 平面的三维空间参照系。

⑦ 现有 GIS-T 模型的空间数据多是基于二维空间的，具有很强二维和三维空间分析能力的 GIS 应用于交通时，由于是基于二维空间数据模型，空间计算与空间分析能力未能得到充分的应用。

表 4－3 列出了所讨论数据模型对于时态数据的支持，NCHRP 20-27(2)数据模型、Dueker-Butler 数据模型、综合模型未考虑对时态数据的支持；ISO-GDF 是一种对时态信息提供较多功能的一种数据模型，它将时间作为属性存储，可提供一些基本的时间查询，可提供对时间参照系/时间基准的隐式支持，通过存储时间可推出时间拓扑关系，支持按规定时间间隔更新数据库并保留老的数据库信息，基本支持对象的导航功能。

在 GIS-T 数据模型中，两种位置参照系不应该是并列存在的，而应该有主次之分。GIS 的优势之一在于可用二维或三维空间数据描述现实世界，GIS 空间数据的位置基准是地理基准，采用空间参照系。GIS-T 中各种要素的位置基准采用空间位置参照系是较好的选择，线性参照系作为建立在空间参照系之上的应用，基于空间参照系的数据和基于线性参照系的数据可以相互转换，这样更有利于空间数据的共享与维护。

表4-3 GIS-T数据模型对时态支持情况比较(改自李清泉等,2004)

功能需求及评估标准			ISO-GDF	NCHRP 20-27(2)	综合模型	Dueker-Butler
1	时空参照方法	存储指定位置和时间的对象或事件的时空数据表达(四维)	√			
		存储参照对象的时空数据	√	√	√	√
		野外空间参照对象位置可以恢复	√	√	√	√
		能区分参照和非参照对象				
2	时间参照系/时间基准	提供多种时间参照方法				
		提供多种时间参照方法之间的转换				
		存储时间基准,即为各时间参照方法之间的转换提供基础				
3	时空拓扑	支持一种时间参照方法	√			
		支持对象或事件之间显式或隐含的拓扑关系,包括分离、重叠,在期间或同时	√			
		记录和区分事件实际与期望发生持续时间				
		维护对象和事件入库时的记录				
4	历史数据库	维护对象和事件的历史状态				
5	动态(支持沿着交通网络上的路线,多种标准的准实时和偶然对象导航)	支持运输工具基于时间的定位				
		支持一个时间推理的时间参照方法	√			
		支持基于多模式网络的路径搜索,支持在时间或空间不连续的对象和事件的邻近分析	√			
		支持依赖时间的十字路口转向和限制	√			
		支持基于时态变化的路段车道属性,如高占用率和反向车道	√			
		支持依赖时间的事件属性	√			

4.4 面向交通要素的多维GIS-T空间数据模型

在4.3节中,对现有GIS-T的几种数据模型进行了回顾与分析,本节提出一个面向交通要素(Transportation Feature,简称TF)的多维GIS-T数据模型(Transportation Feature Oriented Multi-Dimensional GIS-T Data Model,简称TFODM)。之所以取名为面向交通要素的多维GIS-T数据模型,是因为所提出的模型面向交通要素,并且是在对交通要素的空间特征、时间特征和专题特征进行详细分析的基础上提出的一种GIS-T空间数据模型。交通要素定位以GIS采用的二维或三维空间参照系为基本基准,必要时基于空间位置参照系的数据与基于线性位置参照系的数据可进行转换。

TFODM GIS-T数据模型是空间数据模型的一种,是一种特殊的GIS空间数据模型,与一般空间数据模型设计一样通过三个设计步骤来进行建模。第一步,采用高层次的概念数据模型(Conceptual Data Model)来组织交通系统相关的信息。实体-联系(Entity-

Relationship，E-R)模型，UML 类图(UML Class Diagram，UMLCD)是所有概念设计工具中最为流行的两种。第二步，建立逻辑模型，与概念模型在商用 DBMS 上的具体实现有关。第三步是物理设计建模，它解决数据库应用在计算机中具体实现时的细节。

4.4.1 TFODM 概念模型

建立概念数据模型的目的是确定研究与处理的对象或实体，明确它们之间的关系，从而确定数据库存储与管理的内容。

TFODM 的主要描述对象是交通要素，交通要素是构成交通系统的元素，交通要素的各种特征是交通系统完成交通功能的基础。TFODM 模型从交通要素的分析开始，提出概念模型。

交通系统的组成元素是 TFODM 模型的中心。交通系统按照其基本功能可分为道路规划与管理系统(road plan and management system)、高速公路系统(highway system)、公众交通系统(public transportation system)、位置导航与跟踪系统(location navigate and trail system)。交通系统根据物理实体可分为路面系统(pavement system)、桥梁系统(bridge system)。无论是哪一种专业交通系统都有其共同特性，都是基于交通基础设施。

4.4.1.1 交通要素的抽象

TFODM 模型把交通系统所表现出来的各种现象、组成成分抽象为交通要素。要素具有要素联系、要素功能和要素属性三个基本特征。同样交通要素亦具有交通要素联系、交通要素功能和交通要素属性三个基本特征。交通要素的联系表示多个交通要素类型之间的逻辑关系；交通要素的属性表示交通要素类型定义和分类，包括要素属性的名称、定义、值域等，是 GIS-T 研究的主体内容，联系、功能都以属性的定义和划分为基础。

交通要素的属性可分为基本属性和事件。交通要素的基本属性划分为空间属性、时间属性和非时空的交通属性，是交通要素的三个基本特性：空间、时间和专题。交通要素的基本属性与一般地理要素的属性相对应。然而，交通系统有其自身的特殊性。在交通系统运行过程中，会出现一些交通现象(如交通事故、道路铺面)，这类交通现象在 TFODM 中不抽象为交通要素，它是在一定交通要素(道路)上某一时间发生的现象，这类现象被称为事件。事件是在一定时间(时间可能是某一时刻，或某一期间)，发生在交通要素某一具体位置上的事件，因此可抽象为交通要素的一个特殊属性。交通要素的抽象及特性如图 4－19 所示。

交通系统是一个巨大的复杂系统，交通要素之间存在着各种联系(交通要素的特性之一)，交通系统中的多条道路(一种交通要素)将形成一个服务于一个大的区域范围的交通网络，交通网络是一种特殊的交通要素，同时在交通系统中也是关键的交通要素，是相关联的交通要素的聚集。由于它是由一般交通要素聚集而成的，因此它与一般交通要素有特殊的联系。TFODM 设计中充分考虑了交通网络的这一特殊性。

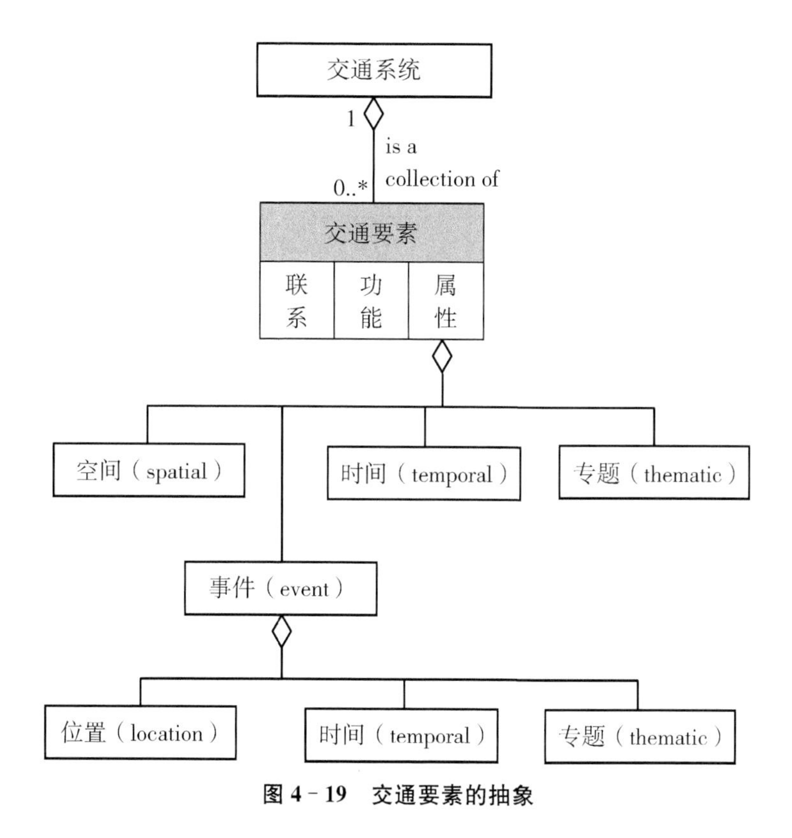

图 4-19　交通要素的抽象

4.4.1.2　TFODM 概念模型概述

TFODM 由交通要素、空间网络、GIS 地理数据源三层组成。模型设计中吸取了 ISO-GDF、NCHRP 和 Dueker-Butler 数据模型的一些优点，在可能的情况下术语、名词的定义上也尽量与上述三个数据模型一致，如交通要素引用 Dueker-Butler 数据模型的定义，线性基准引用 NCHRP 的定义。

TFODM 以交通要素为核心，依据交通要素，基于交通系统的主要特征表现——交通空间网络特征的管理、数据无缝集成需要设计数据模型。

交通系统的主要特征以交通网络形式表现。TFODM 模型中，交通网络通过空间网络描述，交通要素的几何数据引用空间网络的几何数据，空间网络通过空间参照系定位于地图基准，地图基准可以是地图投影坐标系或地理坐标系。采用空间网络可以很好地描述交通网络的几何特征、属性特征和时态特征，同时空间网络的数据管理技术基本成熟，Arc GIS Geodatabase 中即将空间网络作为网络管理（见 4.2.1“空间网络”），完全可以应用于交通网络的空间数据管理。

TFODM 概念模型框架如图 4-20 所示。

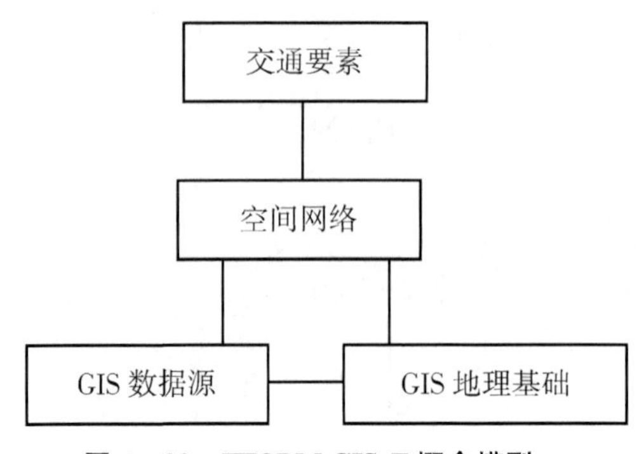

图 4-20 TFODM GIS-T 概念模型

4.4.1.3 交通要素层

交通要素一般表示在一定规则限制下不可再分的交通领域同类现象。根据其几何形态，一个交通要素的几何形状可能是点状（如交叉点、桥），线状（如高速公路、铁路、道路）或者是面域（如飞机场）。

Dueker 和 Butler 用一个形象的比喻来说明什么是交通要素（Dueker et al.，1997）：交通要素（TF）就像一团意大利面，其中包含所有类型的 TF：高速公路、一般公路、地方道路、街道、小巷、内部道路、机场、管道运输等。用户根据车辆导航、紧急调度、邮递快递、步行或骑自行车等目的，从中选择他们想要的 TF 类型，然后用户通过使用"干净和构建"过程，构建特定的应用网络。

有些交通要素可以包含其他交通要素，故在 TFODM 模型中，交通要素分为两类：一类是简单交通要素（simple transportation feature）；另一类是复合交通要素（complex transportation feature）。简单交通要素的聚集称为复合交通要素，复合交通要素是一组相关联的简单交通要素的集合。如道路是一个复合交通要素，它由道路标志、栏杆、道路铺面、路肩线、桥面、桥墩等简单交通要素组成；立体交叉道路的交叉口也是一个复合交通要素，它由桥梁和连接线等简单交通要素组成。在 TFODM 中，交通系统是由简单交通要素、复合交通要素和交通网络（特殊的交通要素）聚合而成。其关系如图 4-21 所示。

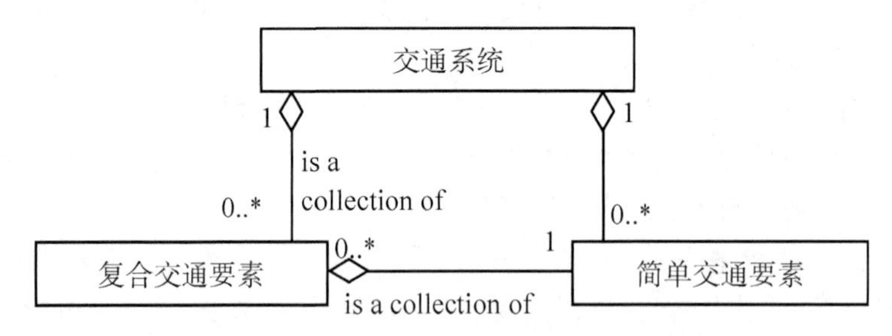

图 4-21 交通系统，交通要素间的关系

4.4.1.4 交通要素的事件描述

在 GIS-T 中，引入事件对交通要素的属性及其他现象进行描述。交通要素的一些属性用事件进行描述，可以更加方便地描述属性发生的静态、动态分段变化（如道路铺面材料的动态变化、道路宽度的变化等）。

在介绍 Dueker-Butler 数据模型时已对事件作了相关说明，事件是交通要素的一种属性、突发事故、偶然现象或物理特性。可用事件进行描述的属性包括功能分级、限速、铺面类型或道路编号。事件不是有形的，但可描述一个有形的组成元素（如公路）的属性。突发事故、偶然现象包括交通事故和交通工程；物理特性包括车道数、栏杆，标志、桥、交叉点及其他有形的组成元素。

TFODM的事件含义与Dueker-Butler数据模型的事件含义基本一致。在TFODM中，事件与其他对象的聚集形成交通要素，事件用事件对象描述，事件对象有三种子对象：点事件对象、线事件对象和面事件对象。

交通要素与事件的关系如图4-22所示。无论是点事件、线事件还是面事件，都是一个交通要素的事件，一个交通要素可能对应多个点事件、线事件和面事件，交通要素与事件之间存在一对多的关系。

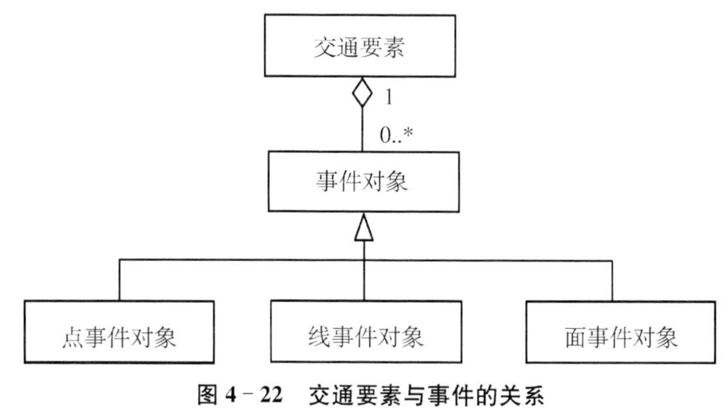

图4-22　交通要素与事件的关系

4.4.1.5　空间网络对象

在NCHRP模型中，网络源于联线-节点拓扑，制图表现层源于几何对象，几何对象提供坐标参考和按比例尺可视化的基础(Vonderohe et al.，1997)，这意味着NCHRP模型中的网络是纯拓扑网络（逻辑网络），模型中的制图也仅是通过几何体表现。Dueker-Butler数据模型中的网络主要是为了路径相关运算而设立的，也是纯拓扑网络。

在4.2节中已经探讨过，空间网络是几何网络与拓扑网络共存的一种网络结构，在许多GIS软件系统中，空间网络同时管理几何网络与拓扑网络，拓扑网络依存于几何网络。当几何网络发生变化时，与之对应的拓扑网络自动进行相应改变。TFODM数据模型采用空间网络作为交通要素与GIS地图表现的连接层，同时交通要素的几何数据引用空间网络的几何数据。几何网络与拓扑网络相关特征（或元素）关系如图4-23所示。

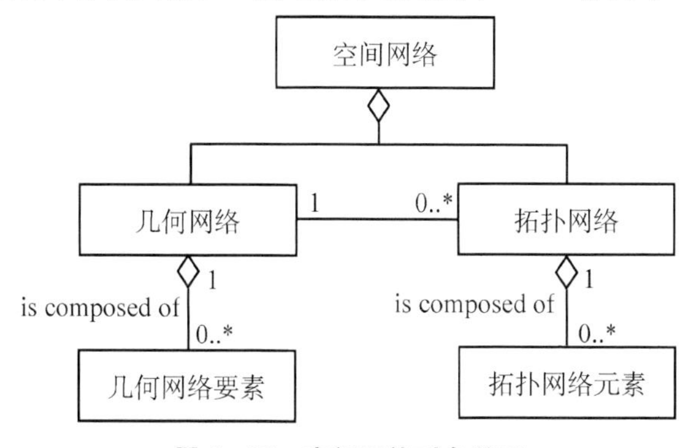

图4-23　空间网络对象关系

几何网络由几何网络要素组成，几何网络中有两种网络要素——连接点要素(junction feature)和边要素(edge feature)，只有几何网络要素才能组成几何网络。连接点要素和边要素具有空间参照位置(地图投影坐标或地理坐标)。拓扑网络由拓扑网络元素构成，拓扑网络中的网络元素有两种——节点元素(node element)和联线元素(link element)。只有节点元素和联线元素可以参与拓扑网络的构成。根据实际应用的需要，通过选择几何网络要素可以形成特定的拓扑网络，几何网络与拓扑网络之间是一对多的关系。

采用空间网络作为中间层具有以下几个方面的优点：

① 有利于交通要素视觉化。空间网络是交通系统的最直接的描述方法，基于二维或三维空间的空间网络运用不同的符号，更容易视觉化，可直观地反映交通系统各要素的属性特征、空间分布。

② 有利于交通要素的数据维护与编辑。交通要素可分为静态交通要素和动态交通要素，即使是静态交通要素也会在一定时期中发生变化。要提高交通规划、管理和建设服务的质量，交通空间数据库必须具有很强的现势性，根据交通要素的变化情况不断地进行维护与更新。因此，交通要素的动态维护在交通空间数据库中有非常重要的地位，是一项艰苦而长期的工作。数据维护的效率是应用系统的主要性能指标之一。通过空间网络对交通要素进行数据维护，直观性好，操作方便，容易发现数据问题，可提高维护效率。

③ 容易生成面向不同应用目的的拓扑网络。可根据不同的要求，通过选择几何网络中的不同级别的要素组成相应的逻辑网络。网络分析是交通规划、建设和管理中非常重要的技术方法。对于不同的应用目的，需要不同的交通网络。例如在交通规划中，经常会对网络进行调整(如加入规划的路段，改变网络的分配)，选择最佳的规划方案，在此过程中，网络是变化的。因此，网络的动态生成是交通信息系统的一个不可缺少的功能，根据空间网络中的几何网络路段的不同属性(现有、规划、等级等)可自动生成符合特定要求的逻辑网络。

④ 有利于空间处理新技术、新方法的应用。空间网络是 GIS 表现线性要素聚集的一种高效方法，交通网络是地理网络的一种。在交通领域中，传统的线性要素定位采用线性参照系，而对于线性参照系来说，交通要素的空间位置主要通过一维的线性(定位点加偏移量)描述。GNSS 在交通领域的应用，将会使交通要素、事件等的空间位置数据采集更加方便。由于 GNSS 采用的是空间参照系，由此必然带来空间参照系位置与线性参照系位置的空间数据的转换，而这种转换在空间网络中进行将更加方便。

⑤ 充分利用 GIS 的其他相关功能。GIS 是一个飞速发展的新兴计算机技术系统，目前世界上已有相当成熟的 GIS 软件系统，这些软件系统一般都提供了丰富的空间数据管理和分析功能。运用基于 GIS 的空间网络作为交通系统的框架，更加有利于交通信息的管理。

4.4.1.6 位置参考基准

位置基准在 NCHRP 和 Dueker-Butler 数据模型中都有很重要的地位，其中的锚点、锚段是线性参照与 GIS 地图空间参照的纽带，锚段的起讫点与锚点相关联。通过存储锚点基于地球的位置坐标和线性位置参照坐标，数据库模型提供一种使交通要素与地表相关联的注册机制。TFODM 模型采用空间网络作为位置参照基准，更明确地说，通过空间网络的几何网络过渡，统一到 GIS 地图表现的空间基准上。交通要素与 GIS 地图表现具有一致的空间参照基准。

4.4.1.7　GIS数据源及GIS地理基础

交通系统不是一个孤立系统，它与其他空间系统存在千丝万缕的物质与信息交换，一个交通系统存在于特定范围的地理环境中。在GIS-T中，一般性地理信息是交通信息的地理基础，称之为基础地理信息。GIS-T的视觉化通过存在于一定基础地理环境中的交通要素表现，通过基础地理环境可以更加直观地反映交通系统的特性。

TFODM模型中的GIS数据源是可以派生空间网络、基础地理信息的空间数据源。

4.4.1.8　与GIS的数据无缝集成

NCHRP数据模型和Dueker-Butler数据模型并非完全意义上的空间数据模型，Dueker-Butler数据模型也并非完全意义上的基于特征的数据模型。交通要素是真实世界的交通空间实体，具有空间特性。上述两种数据模型把空间特性一般属性化，仅通过锚点和锚段与真实世界相联系，实质上通过位置的独立控制点相联系。因此，交通要素数据与GIS数据（基础地理数据、其他参考地理数据）进行无缝集成比较困难。

TFODM数据模型的交通要素空间数据通过GIS数据派生，图4-24是交通要素数据派生过程图。因此，交通要素数据集与初始GIS数据集是无缝集成的。多种数据源的GIS数据可以通过GIS软件进行集成。

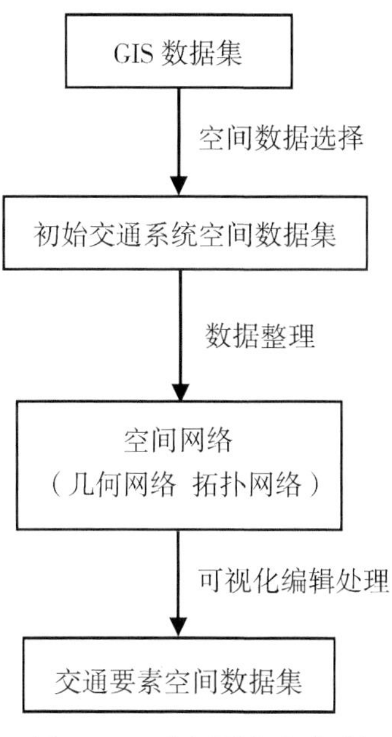

图4-24　交通要素生成过程

4.4.2　TFODM逻辑数据模型

上一节提出TFODM GIS-T的概念数据模型，模型有三个基本层：交通要素层、空间网络层、GIS地理基础层。本节进一步细化，提出基于TFODM概念数据模型的逻辑数据模型。

4.4.2.1　交通要素层

交通要素层是TFODM的最高层次，包括6个对象：简单交通要素对象、复合交通要素对象、点事件对象、线事件对象、面事件对象和事件点对象，其基本关系如图 4－25 所示。

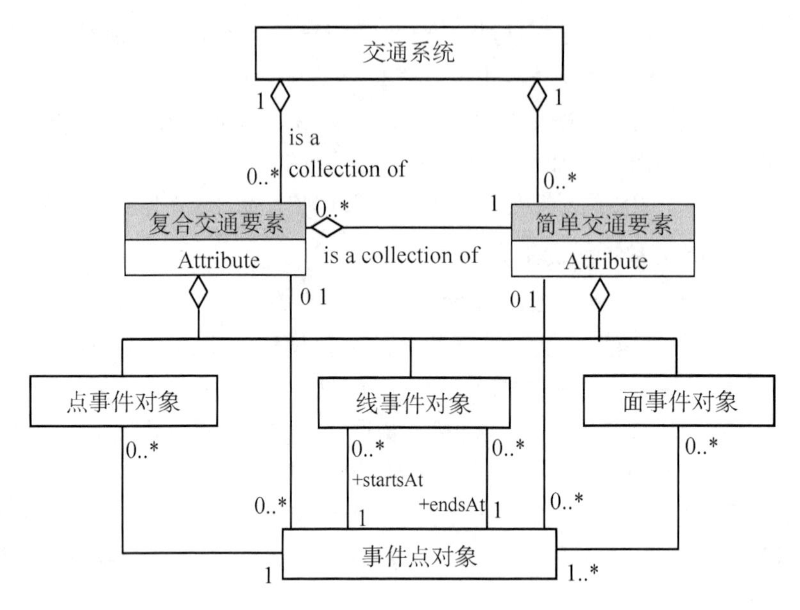

图 4－25　交通要素层对象关系

事件是交通要素的一种属性、突发事故、偶然现象或物理特性。事件通过交通要素进行定位。如果单纯只对交通要素的属性、事件进行管理，现有成熟的商业关系型数据库可以满足数据管理的要求。研究可知，交通要素层的各个对象可以通过定长的关系表描述。

点事件、线事件、面事件一定与一个交通要素相关联，一个交通要素可能存在多个事件点、点事件、线事件、面事件。点事件、线事件通过事件点定位，一个事件点可能与一个或多个点事件和线事件相关联。事件点通过交通要素利用 LRM 进行定位，所以事件点一定与一交通要素关联，一个交通要素可能包括多个事件点。

TFODM 中交通要素对象的空间定位基础是空间参照系，由于事件与交通要素的特殊关系，事件定位采用线性 LRS。通过事件点对事件进行定位。

事件是某个交通要素的事件(存在对应关系)，事件具有空间特性，通过与交通要素相关联的事件点进行定位。点事件定位于一个事件点，线事件有开始事件点和结束事件点，事件点通过 LRM 确定在交通要素中的相对位置。

在线性 LRS 中，交通要素空间特征的描述是不全面的，只描述了线性交通要素一定的长度，LRM 提供一套沿线性要素量测的方法，有些 LRM 采用绝对距离描述位置，所谓绝对距离是指从线性特征的开始处开始量测的距离。有些 LRM 采用百分比描述位置，如 50％表示从开始处起到线性特征的中点。

图 4－26 提供了两种采用相对距离的 LRM，在采用相对距离的 LRM 中，描述事件的位置是从一个预先定义的点(参照物，referent)沿线特征的偏移距离，参照物不必是线性特征的开始点。

LRM 不考虑交通要素具体的弯曲形态。图 4－27 表示交通要素用几种方法视觉化。图 4－27(a)是一种交通要素简单的表示方法，用简单的直线把交通要素表示为单一实体。图 4－27(b)是事件点在交通要素上的位置，图 4－27(c)是用线事件表示的道路限速属性。图 4－27(d)是事件点表示道路标志。偏移距离采用绝对距离。

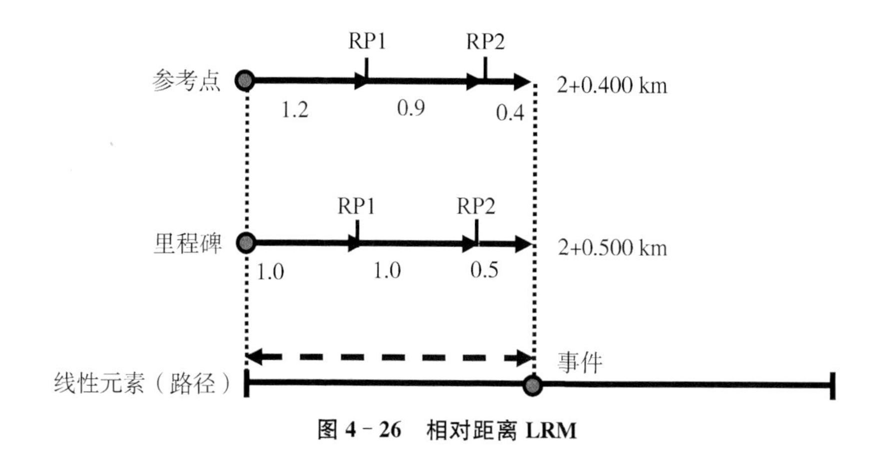

图 4－26　相对距离 LRM

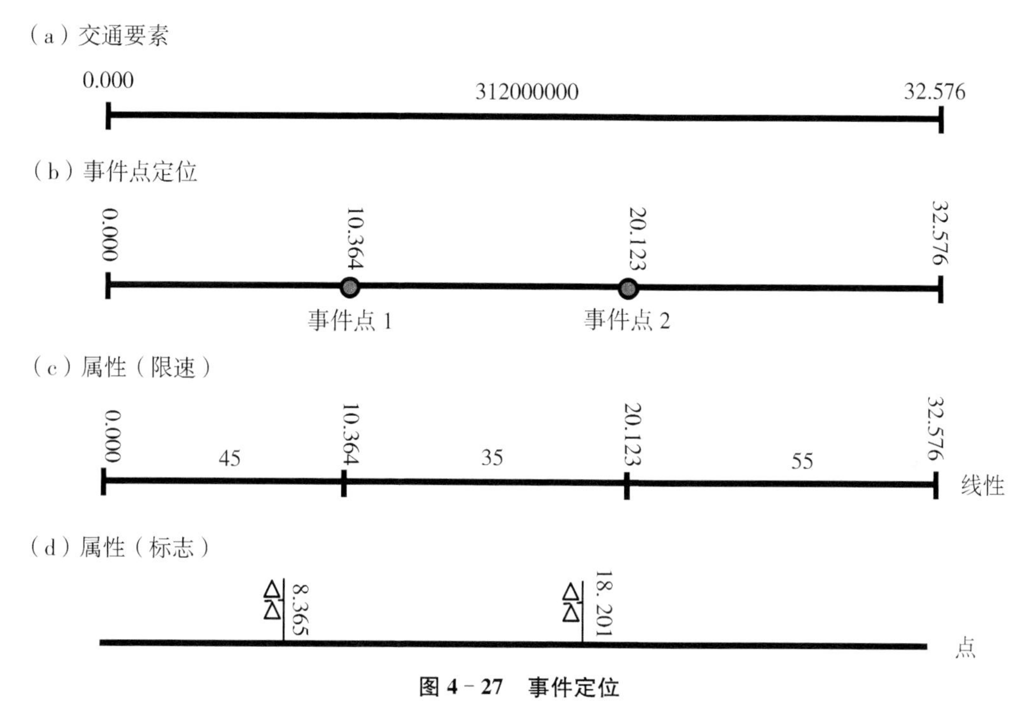

图 4－27　事件定位

事件点的偏移距离有两种获取方法：一种方法是通过沿交通要素的线性距离测量；另一种方法是直接通过空间坐标系计算（如数字化地图、地形测量或 GNSS 实地测量）。

（1）线性距离测量

线性距离测量即直接测量两点间的实际距离。GIS-T 的研究人员和用户都对提高数据的精度非常感兴趣。在线性距离测量中，影响数据精度的基本因素是距离量测仪（Distance Measuring Instrument，DMI）（Dueker et al.，1997）。一个 DMI 本身是一个高质量的里程表，但是在测量时有多方面因素可能产生误差，如所安装交通工具的改变等，这些误差可能是累积的，随着距离的增加误差累积越大。

（2）解析计算

地图数字化、地形测量、GNSS 测量可直接获得地面点的平面坐标（x，y）和高程（h），通过下式计算可得两点间的空间距离 s：

$$s = \sum_{i=2}^{n} \sqrt{(x_i - x_{i-1})^2 + (y_i - y_{i-1})^2 + (h_i - h_{i-1})^2} \qquad (4-1)$$

通过交通要素的空间几何数据计算距离时，为了保证计算精度，构成交通要素的矢量数据应是三维空间数据，或者每个矢量二维平面坐标点(x, y)上具有到该点的量测值(measure)，计算距离可通过量测值进行校正。

4.4.2.2 空间网络要素层

如前所述，空间网络是几何网络与拓扑网络并存的一种结构模式，空间网络层包括三个一级对象：几何网络对象、拓扑网络对象和路径对象。几何网络对象包括两个实体：边要素和连接点要素；拓扑网络对象亦包括两个实体：联线元素和节点元素。拓扑网络根据一定的规则由几何网络生成。路径(traversal)是一个线性要素子集，由一条或多条路径段(traversal segment)组成。路径段由一条边要素及相关的属性构成。路径段一定对应一条边要素和联线元素，边要素可能对应一条路径段，联线元素也可能对应一条路径段。空间网络层实体逻辑关系如图 4-28 所示。

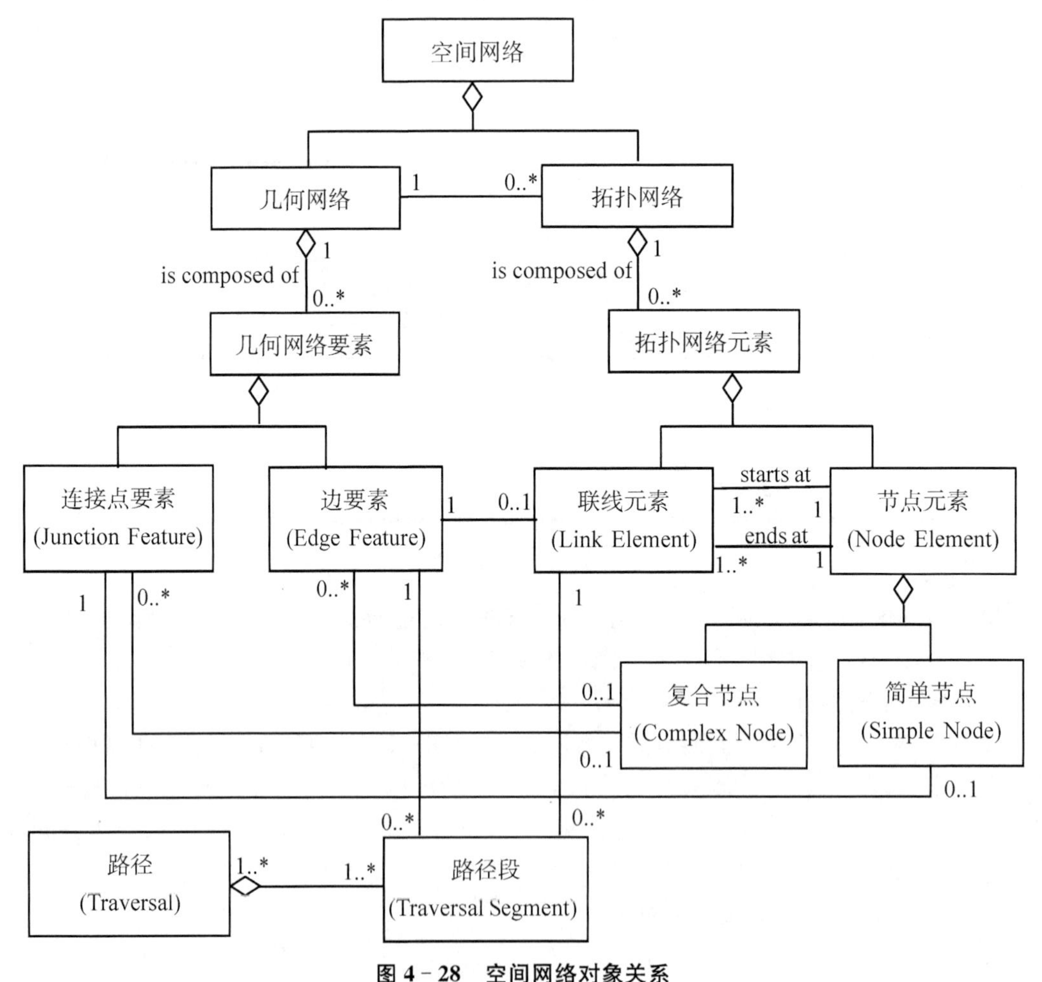

图 4-28 空间网络对象关系

几何网络及连接点要素、边要素相关属性表如图 4－29 所示。在连接点要素表和边要素表中，基本的属性是要素标识码(Feature ID)和几何位置(Geometry)。连接点要素表和边要素表是用来描述两种要素的空间位置，虽然没有显式地描述连接点要素与边要素之间的关系，在整理完好的情况下，连接点要素是落在边要素的端点上的，通过空间运算，可计算出两者之间的相关关系。这也是几何网络生成拓扑网络的基础。

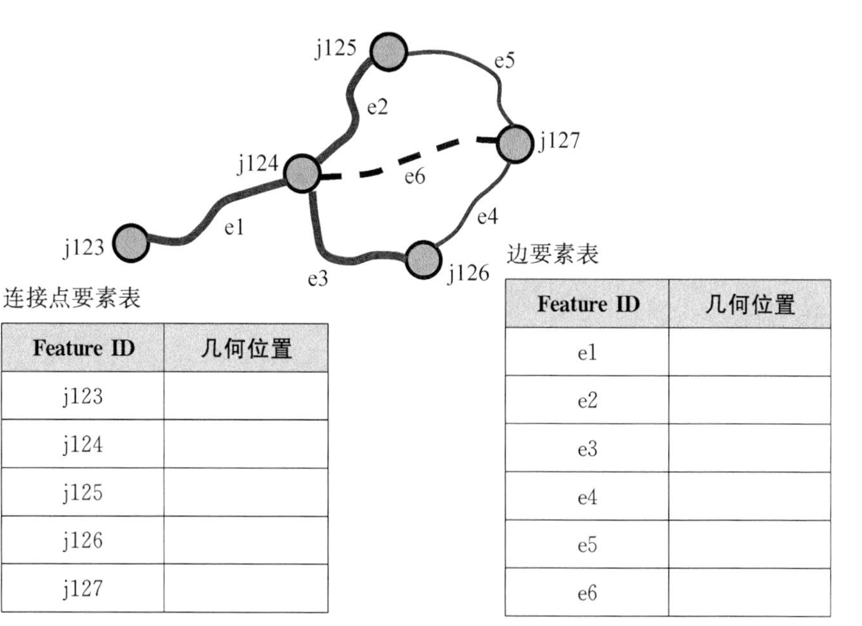

Feature ID	几何位置
j123	
j124	
j125	
j126	
j127	

Feature ID	几何位置
e1	
e2	
e3	
e4	
e5	
e6	

图 4－29　基本几何网络

网络是交通要素的聚集，不同区域范围的应用对交通要素描述的详细程度是有一定的区别的。在不同比例尺空间数据中，交通要素的详细程度是与比例尺的大小有直接关系的。GIS-T 的空间数据库可以是一种多比例尺的空间数据库，能够提供尽量详尽的交通要素特征数据(包括几何数据和属性数据)。对于空间网络也是一样，应该可以根据不同的需求、不同的用途提供不同综合程度的拓扑网络。

TFODM 数据模型的拓扑网络节点元素分为两种：一种是简单节点(simple node)，一种是复合节点(complex node)。一个平面交叉口用简单节点描述，一座立交桥、一座城镇可模型化为一个复合节点。复合节点是一个小型拓扑网络。如图 4－30 是一座完全互通式立交桥示意图，在拓扑网络中，立交桥作为网络的一个复合节点。在数据要求比较概略的情况下，复合节点可作为一个简单节点。对于大区域的交通网络，一个城市的道路网络也可以作为一复合节点。

图 4－31 是图 4－29 中几何网络中只取连接点 j123、j124、j125、j126 及边 e1、e2、e3 所构成的拓扑网络表。要素标识描述的连接点、边关系表说明了连接点要素与边要素的逻辑关系。

节点元素表描述节点元素的标识、对应几何网络中连接点特征的标识及其他属性；联线元素表描述联线元素的标识、所对应的几何网络中连接点特征的标识及其他属性；节点联线元素连接表描述拓扑网络节点与联线之间的拓扑关系，是三张表中的核心表。

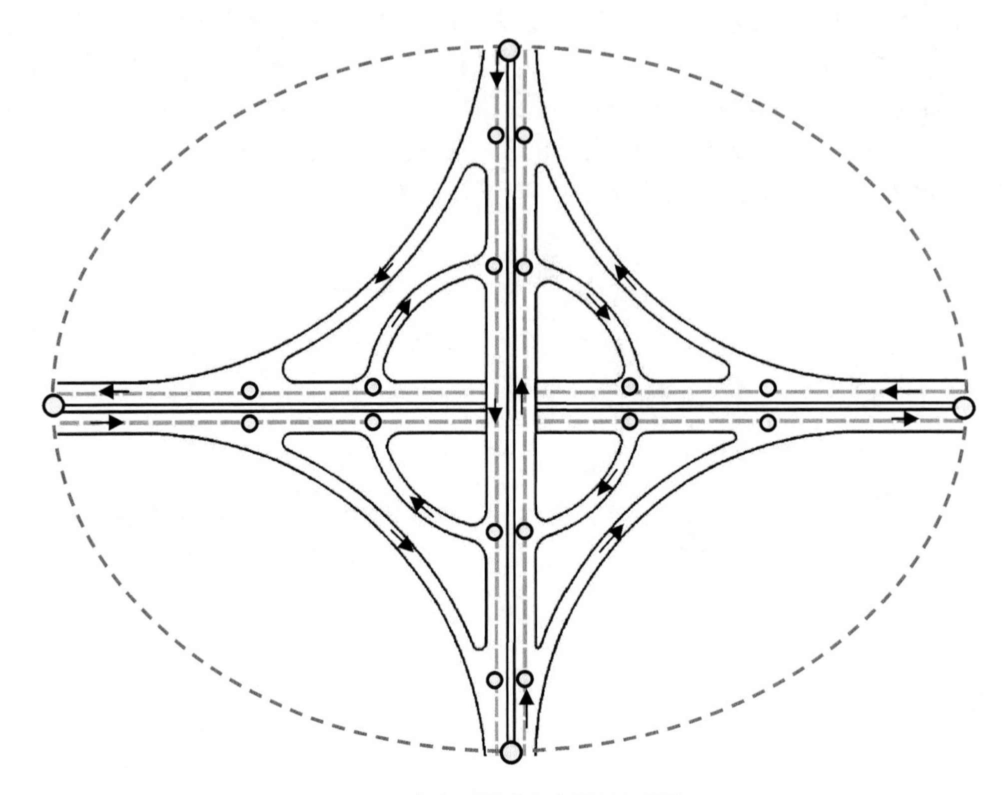

（a） 完全互通式立交桥几何网络

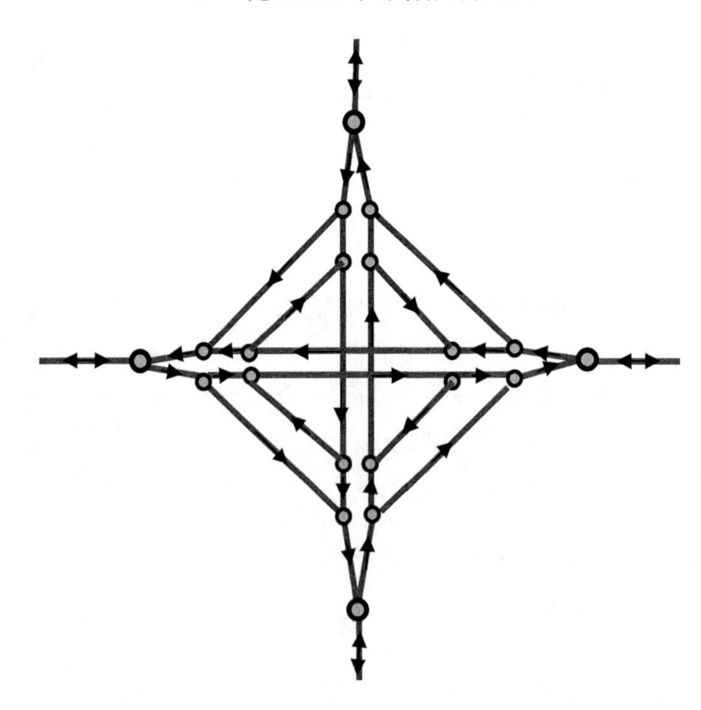

（b） 完全互通式立交桥拓扑网络

图 4－30 复合节点示意图(完全互通式立交桥)

图 4-31 反映了部分几何要素参加拓扑网络的建立，e6 是一条规划建设的路段，在建立路径查询网络时，e6 就不能参与网络构成。但在道路网络规划中，预测交通量的分配必须考虑规划路段对网络分配的影响，因此，拓扑网络由所有影响分配的路段构成。

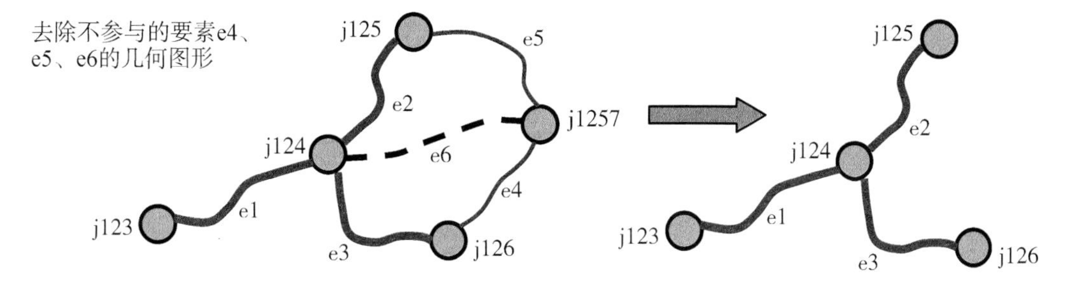

用要素标识描述的节点、边关系表

连接点 Feature ID	相邻的边及连接点特征		
j123	j124,e1		
j124	j123,e1	j125,e2	j126,e3
j125	j124,e2		
j126	j124,e3		

节点元素表

Feature ID	Element ID
j123	0
j124	1
j125	2
j126	3

联线元素表

Feature ID	Element ID
e1	10
e2	11
e3	12

节点联线元素连接表

节点 Feature ID	相邻的联线及节点特征		
0	1,10		
1	0,10	2,11	3,12
2	2,11		
3	1,12		

图 4-31　边要素 e4、e5、e6 不参加的拓扑网络关系表

TFODM 模型在生成拓扑网络时，按照一定的规则建立连接关系（即拓扑关系），TFODM 模型将组成几何网络的边要素分为不同的类，在构成特定的拓扑网络时，确定参与网络构成的要素类，以此形成拓扑网络。因此节点元素必定存在一个与之对应的连接点要素，连接点要素可能存在一个或多个节点元素与之对应；同样，联线元素一定存在一条边要素与之对应，边要素可能存在一条或多条联线元素与之对应。

ESRI 的 ArcGIS 采用空间网络描述地理网络，与 ArcGIS 中提出的空间网络不同，TFODM 的空间网络中几何网络只是线性交通要素的几何信息载体，采用的是一种面条数据模型，与拓扑网络不是一对一的关系，而是一对多的关系。

4.4.2.3 交通要素的空间属性描述

在上一小节中已经提到，交通要素分为简单交通要素和复合交通要素，复合交通要素由简单交通要素聚集而成，交通要素空间特性的描述的基本问题是简单交通要素的空间描述，由于复合要素由简单要素聚集而成，其空间特性的描述与简单要素有关。

交通要素是一种空间实体，每一空间实体都具有一定的空间几何形态，空间实体按其几何形态可分为点状、线状和面状。TFODM 的空间实体有点（dot）、线（polyline）、面（polygon）三种基本几何实体，分别用于描述点状、线状和面状简单交通要素，简单交通要素与基本几何实体的 UMLCD 如图 4－32 所示。

GIS 中空间数据的描述一般采用栅格数据（Raster data）和矢量数据（Vector data）描述，矢量数据结构比栅格数据结构要复杂得多，以矢量数据进行叠加分析算法复杂，但矢量数据能精确地表示实体的空间位置，隐含着各个实体之间的空间位置关系（Michael，2000）。

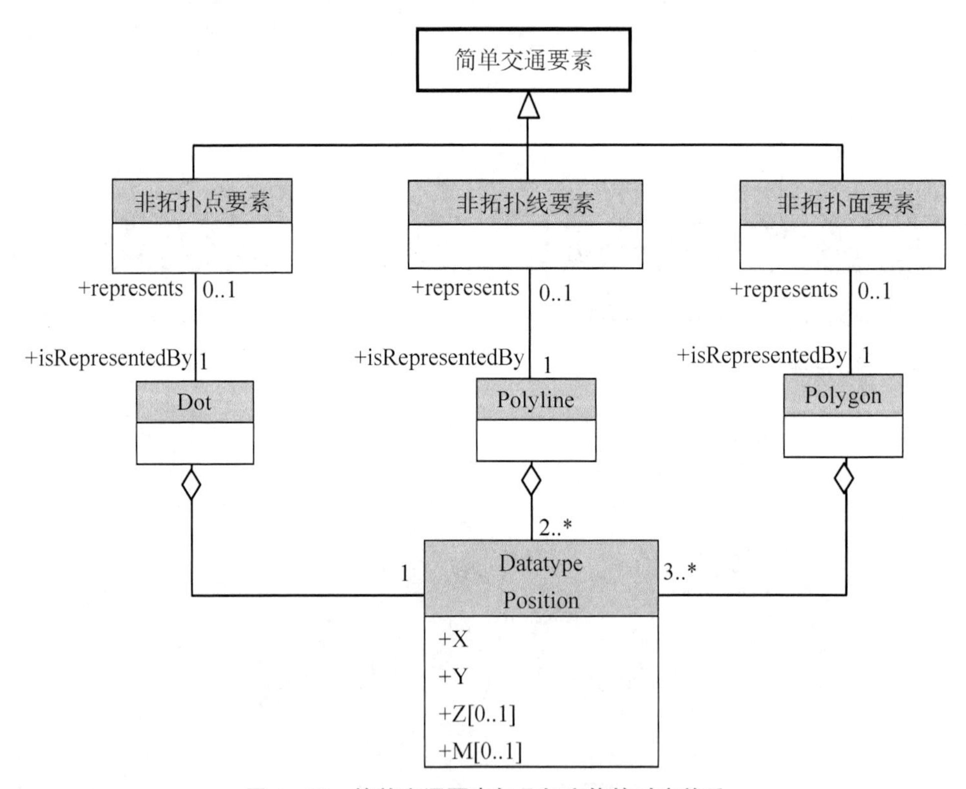

图 4－32 简单交通要素与几何实体的对应关系

在 TFODM 模型中，交通要素空间数据采用矢量数据描述，采用空心面（Spaghetti）模型（无拓扑关系的矢量数据模型）和拓扑模型。

空间网络是为描述交通网络而设计的复合交通要素，采用拓扑模型描述，与其相关的交通要素（如路径、一条道路实体）的空间描述通过索引引用空间网络中的几何数据。对于主要用于表现交通网络空间形态的要素，为了提高数据采集与处理的效率，采用 Spaghetti

模型。

(1) 基于空间网络的索引式交通要素空间数据描述

交通要素是空间实体，LRM 是一种相对自身某一特征点的长度(距离)定位方法，不是真正意义上的空间定位，不利于交通系统的空间分布视觉化表现。

在 TFODM 中，一部分线性交通要素空间描述通过引用空间网络的几何网络要素，如图 4－33所示。在交通要素属性记录中，应记录交通要素所引用的边要素标识、开始处连接点要素的标识和结束处连接点要素的标识。

线性交通要素记录

Transportation Feature	
Deature ID	TF00001
Beginning junction	j123
Ending junction	j125
Edge featute ID	e1,e2
……	

几何网络连接点要素表

Feature ID	几何位置
j123	
j124	
j125	
j126	
j127	

几何网络边要素表

Feature ID	几何位置
e1	
e2	
e3	
e4	
e5	
e6	

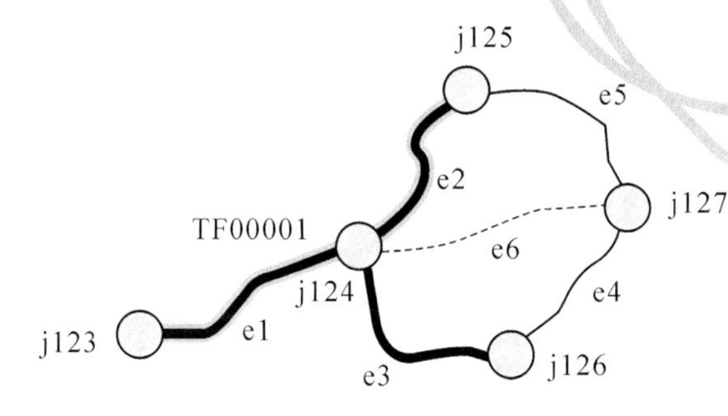

图 4－33　线性交通特征的空间属性

通过连接点要素标识即可在连接点表中索引到相应的连接点要素记录(记录中存储点的空间位置)，通过边要素标识在几何网络边要素表中即可索引到相应的边要素记录(记录中存储边要素的空间位置)。

(2) 实体式对象空间描述

最简单的矢量数据模型是 Spaghetti 数据模型(Dangermond，1982)，每条 Spaghetti 记录都是独立的实体，含有一个几何点的记录代表点状要素，含有多个点的记录代表线状要素，首尾相连的线代表面状要素。这种矢量数据的描述方法称为实体式空间对象数据描述。采用这种数据描述方法的信息系统视觉化好、空间查询效率很高。Spaghetti 数据模型不存储对象之间的拓扑关系，不同对象间拓扑关系隐含在数据中，没有在数据记录中明确表示。TFODM 模型考虑交通应用的特殊性，部分交通要素并没有进行拓扑分析的必要性，为了便于数据管理，采用 Spaghetti 数据模型。

用 Spaghetti 数据模型描述点、线、面交通要素的记录表如图 4－34 所示。

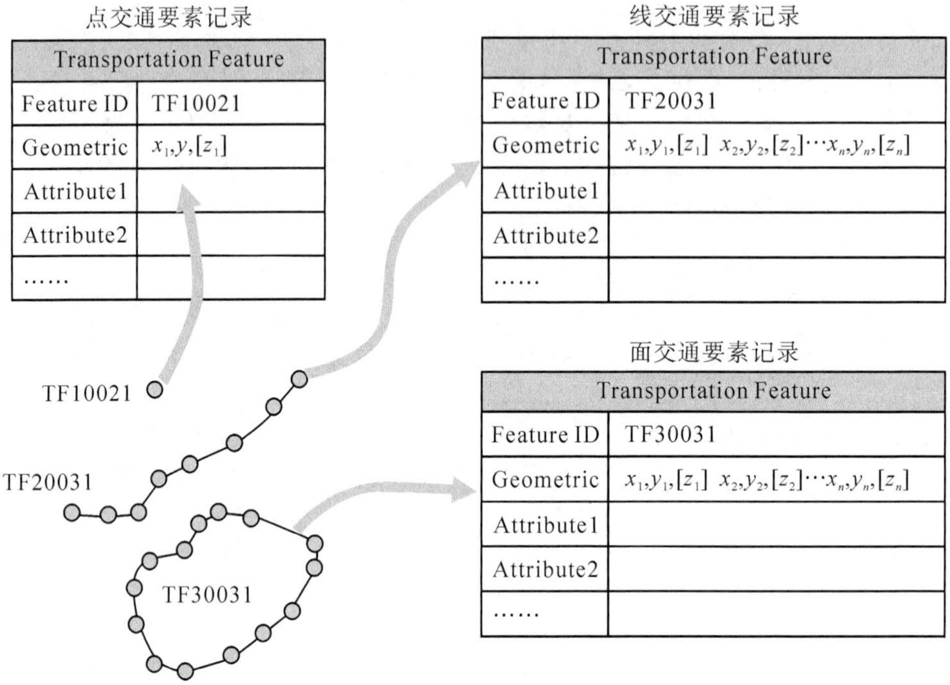

点交通要素记录

Transportation Feature	
Feature ID	TF10021
Geometric	$x_1,y_1,[z_1]$
Attribute1	
Attribute2	
……	

线交通要素记录

Transportation Feature	
Feature ID	TF20031
Geometric	$x_1,y_1,[z_1]\ x_2,y_2,[z_2]\cdots x_n,y_n,[z_n]$
Attribute1	
Attribute2	
……	

面交通要素记录

Transportation Feature	
Feature ID	TF30031
Geometric	$x_1,y_1,[z_1]\ x_2,y_2,[z_2]\cdots x_n,y_n,[z_n]$
Attribute1	
Attribute2	
……	

TF10021

TF20031

TF30031

图 4－34 Spaghetti **数据模型交通要素记录**

4.4.2.4 交通要素之间的关系描述

交通要素之间存在空间关系和专题属性关系。空间关系主要为距离关系、序(方位)关系、拓扑关系；专题属性关系表示为交通要素之间交通相关参数的关系，是一种语义关系。

对于距离关系，一般用实际距离表示，也可通过空间运算获得；方位关系一般不用显式方式描述，需要时可通过空间运算获得。

相对于其他地理要素，对于交通系统管理需求来说，交通要素间存在的拓扑关系相对简单。主要表现为点点之间(如两个点事件之间的关系)、点线之间(如点事件与线性交通要素之间)、点面之间(如节点与交通区之间的关系)、线线之间(如线性交通要素与线性事件之间)、线面之间(线性交通要素与交通区之间)、面面之间(如交通区与交通区之间)的拓扑关系。

TFODM 模型中，需要描述拓扑关系的要素主要是空间网络(元素、要素)内的拓扑关系，事件与交通要素之间的拓扑关系。其他各种交通要素间的拓扑关系在需要时可通过空间运算实时获得。

交通要素的专题属性关系主要是交通区之间的关系描述。交通系统服务的对象是交通系统所覆盖范围内的人和各种社会实体，为人和各种社会实体提供交通运输服务，一定范围区域内的交通量的产生与吸引，直接影响着交通网络中交通量。在交通规划与管理中，交通系统所覆盖的区域(一般为一个大的行政区域)划分为一些交通中区和交通小区(通常以行政区域作为基础划分)，在 GIS-T 中必须描述交通区之间交通发生量与吸引量的关系。

如图 4－35 所示，交通区 1、2、3、4 存在空间上的拓扑关系，同时还存在交通专题属性关系。交通区 1 对交通区 2 具有交通吸引量，同样交通区 2 对交通区 1 也存在交通吸引量。这

种关系可通过 $n \times n$ 矩阵描述。

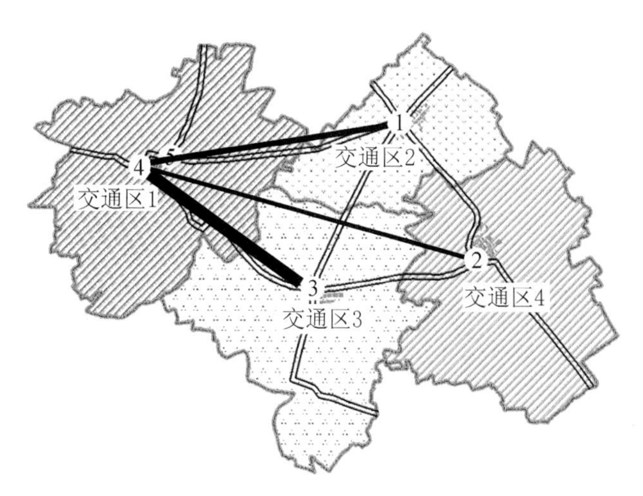

图 4-35　交通区间关系

TFODM 模型在交通区属性中加入与其他交通区的关系字段描述，交通区 OD 结构表如表 4-5 所示。

表 4-4　交通区 OD 结构表

交通区 ID	交通区名　称	发生总量	吸引总量	对交通区 1		对交通区 2		对交通区 3		对交通区 4	
				发生量	吸引量	发生量	吸引量	发生量	吸引量	发生量	吸引量
1	交通区 1										
2	交通区 2										
3	交通区 3										
4	交通区 4										

第五章　TFODM 时态模型

交通系统不仅具有空间特征，而且具有时态特征，是一个随着时间不断变化的复杂系统。交通系统的时态变化是由其组成元素——交通要素的时态变化表现的。因此，描述交通要素的信息是随着时间变化而变化的。通常 GIS 表现的是一个静态的世界，并且试图用一系列的地图层(map layers)或快照(snapshots)表示地理实体的变化(Langran，1988)。

在第四章中，对 TFODM GIS-T 数据模型的研究是基于二维或三维空间、一维线性和拓扑空间的。完全基于空间的 GIS-T 数据模型只能描述交通系统中的当前或过去某一时刻交通要素状态。交通要素是空间场中的一个实体，其几何形态和非空间属性都会随着时间推移而发生变化。描述交通系统的 GIS-T 空间数据库，为了保持空间数据库中数据的现势性，必须随着时间的改变而作相应的更新。数据库的更新是以新的状态取代旧的状态的过程，旧的状态一般不再保留。这种数据库实质上仅仅是在时间维度上保留当前更新时的一个快照。

GIS-T 空间数据库不仅应该能够反映交通系统在现时状态下的时间快照，而且应该客观地反映交通要素的发展、变化过程。GIS-T 应用中，可能会查询过去某一时间某一交通要素、某一交通要素的某些属性，可能会查询某些交通要素的变化、发展情况，根据交通要素的变化发展预测交通要素未来的情况。例如，查询某一交通区域过去若干年交通发生量、吸引量随时间的变化情况，当时经济发展情况，通过相关的时态数据，可以找出交通发生量、吸引量与经济的发展相关性以及交通发生量、吸引量与时间变化的关系。以上交通应用中的需求，希望在 GIS-T 空间数据库中加入时态信息，以满足交通规划、管理和建设的需要。

本章通过对一般时态信息的描述方法、一般空间实体的时态描述方法、交通要素时态特性的研究，提出 TFODM 的时态数据模型。

5.1　时态数据描述基本概念

时态数据是用来描述实体所处的时刻或时段的数据。本节主要介绍描述实体相关时态特性的概念和术语。

5.1.1　时间的形式化表示

经过世界上许多学者的研究，对时间已建立了比较完善的理论表示方法。时间 T 可以看作连续、有序的集合，时间集合 T 具有如下特性：

(1) 可传递性，即：if $t_1<t_2$ and $t_2<t_3$，then $t_1<t_3$；

(2) 反自反性，即：if $t_1<t_2$，then $t_2 \not< t_1$；

(3) 线性，即：对于所有 t_1，t_2，存在如下关系 $t_1=t_2$ 或 $t_1>t_2$ 或 $t_2>t_1$；

(4) 连续性，即：对所有的 t_1，必然存在一个 t_2 且 $t_2<t_1$，并且存在一个 t_3，且 $t_3>t_1$；

(5) 无限可分性,即:对于所有 t_1 和 t_2,当 $t_1 < t_2$ 时,存在至少一个 t_3,且 $t_1 < t_3 < t_2$。

在实际应用中,时间被看作连续或离散的有序实数集。

5.1.2　时间参照系与时间基准

时态数据描述实体状态时间偏移(time offset),时间参照提供必要的时态数据转换和应用的概念,这些必要的概念就是时间参照系(Temporal Referencing System,TRS)或称时间基准(temporal datum)。和地理空间一样,时间的确定也需要一个参考系统。在大多数应用中,时间参照系是一定的,假设每一个用户使用相同的时间量测单位,并统一到相同的外部参照系(如官方时间,official clock)中。尽管如此,时间数据具有不同的源,可能采用不同的时间参照方法和时间参照方程(Temporal Referencing Equation)。TRS 包括时间基准,时间

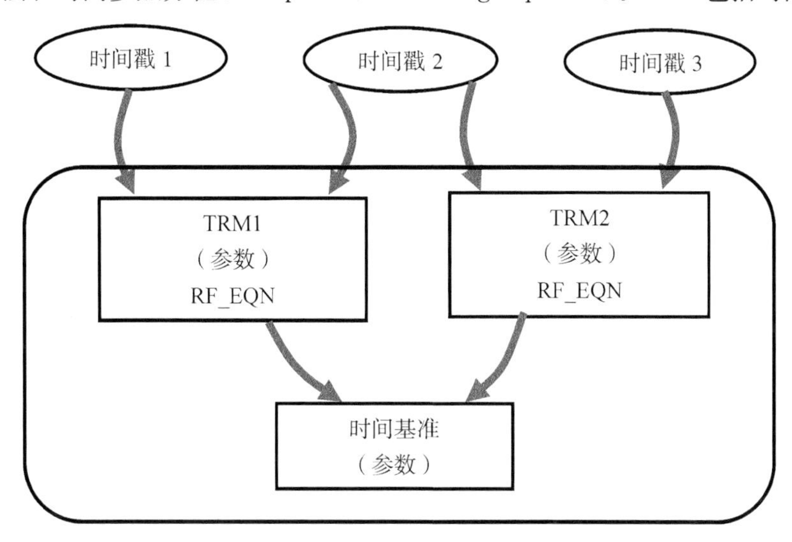

(a) 时间参照系模式

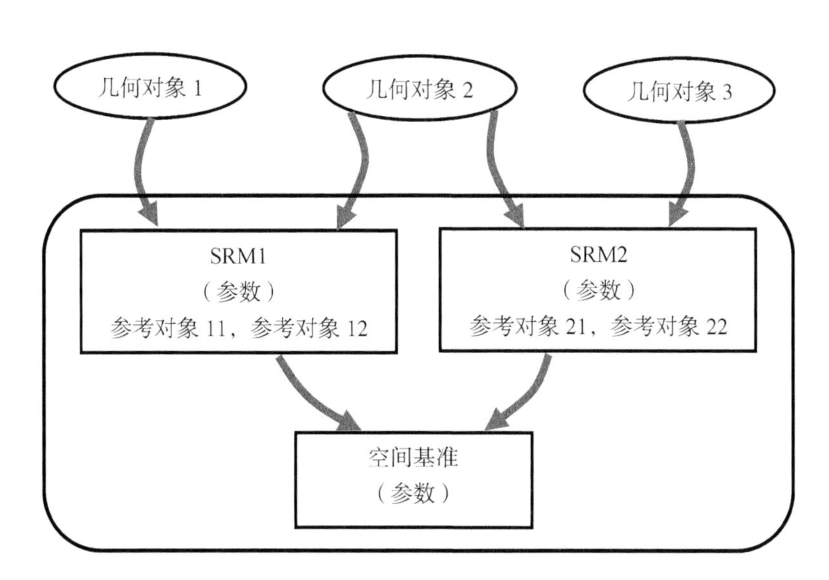

(b) 空间参照系模式

图 5-1　空间和时间参照系模式(改自 Nicholas,2002)

参照方法。一个 TRS 类似于一个空间参照系(SRS),SRS 包括空间基准(spatial datum)和空间参照方法(Spatial Referencing Method,SRM)(如地图投影、地球椭球体、格网等)。时间和空间参照系模式如图 5-1 所示

时态数据应用和转换中的一个重要概念是时态基准,时间基准一般通过时间线(time line)描述,时间线由时间点(epoch)组成。时间线可以是基于固定时间比例的时钟和日历的时间间隔,或者是基于相对事件的有序时间。

时间结构(time structure)分为两种:一种称为线性时间结构(linear time structure);另一种称为分叉时间结构(branching time structure)。线性时间结构是指在某个主题中,事件发生的先后可按全序排序,如图 5-2(a)所示。线性时间结构是最简单的一种时间结构,也是最常用的一种。分叉时间结构是指事件发生的先后是一个偏序关系,如图 5-2(b)所示。

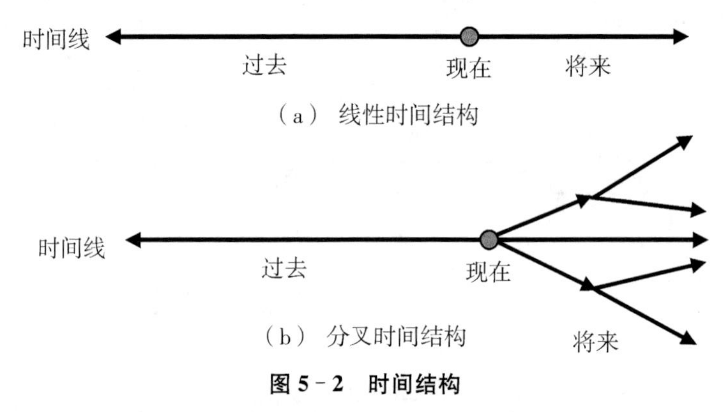

图 5-2 时间结构

线性时间结构用一维时间线描述,一维时间线是一种用“现在”、“过去”和“将来”分隔开的顺序方式(Goralwalla et al.,1998)。分叉线表示分叉时的结构,表示“过去”到“现在”是线性,然后从“现在”开始分叉为几条线,分别表示事件潜在的序列或设想的将来状态(Goralwalla et al.,1998;Moreira et al.,1999)。例如交通网络规划中可能有几种网络方案,每一种方案就是一种将来的网络可能的变化状态。

一般通用的时间参照系是格林威治时间(Greenwich Mean Time),它是基于时间基准——协调世界时(Coordinated Universal Time,UTC)的。UTC 是由国际重量和长度局与国际地球自转服务局(IERS)维护的时标(Time Scale),它构成协调发布标准频率和时间信号的基础[Rec. ITU-RTF. 686-1(1997)]。所有的时间参照方法都与 UTC 相关。

5.1.3 时态描述相关术语

时间(time)。在时态数据库中,需要表示两类时间,即有效时间(valid time)(又称物理时间、数据库时间)和事务时间(transaction time)(又称逻辑时间、事件时间、数据时间或世界时间)。有效时间指在此期间数据是有效的,即其所代表的事实在此期间是成立的。事务时间是数据在数据库中插入、删除或修改的时间,是由处理它的系统决定的,又称系统时间(system time)(Snodgrass,1987)。

时刻元组(chronon)是一个不再细分的最小的计时单位,简称时元,时元的选择与所描述的问题有关。

粒度(granularity)是时元的长短。

时刻(instant)是表示位置的零维几何单形(ISO/FDIS 19108),是该点所在的时元在时间线上的序号,可用一个整数表示。两个时刻(instant)间的时间称为时间期间(time period），期间有明确的起、止时刻，也可以说期间是有起点（anchored）的间隔。

时间戳（time stamp）是对象时间特性的描述，一般表示为时刻的集合、时刻元组的集合或期间集合。时刻、时刻元组、期间统称为时间元素（time element）。

5.1.4　基本时态数据结构

和空间数据类似，时态数据具有几何特性，可采用类似于欧氏空间定义的方法对时间进行度量，可以用时态几何构造确定实体的时态特性。在一个欧氏空间中，简单的几何构造有点（零维）、线（一维）、面（二维）。类似地，时态作为一个坐标维，时态几何构造有时间点（time point，零维时间基本元素）、时间段（time interval，一维时间基本元素）、时间复合（time complexe，复合元素）。

一个时间点（如时刻、时元）类似于空间中的几何点，是时间维中一个特定的点的时间表示。时间段类似于空间中的一条几何线段，由一个开始的时间点和一个终止的时间点定义一个时间段，和线段一样，时间段具有度量（长度）和位置。时间复合类似于一个复合空间对象，由时间点和时间段聚集而成。

图 5－3 描述了时间线上时间点、时间段的几何描述。

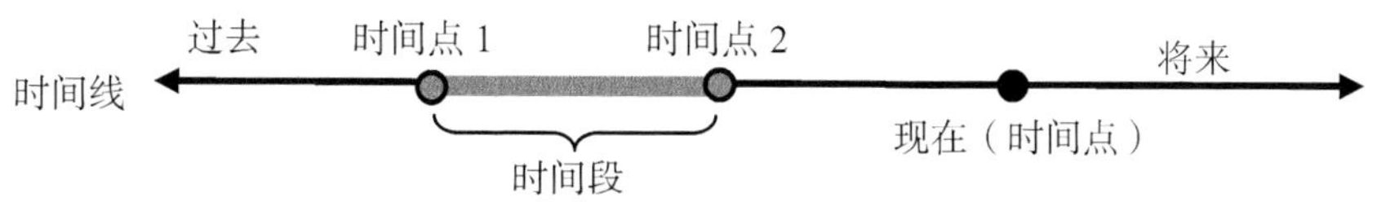

图 5－3　时态几何基本元素

5.1.5　时态拓扑关系

时间不仅具有几何特性（可以度量）而且具有拓扑关系（时间是有序的）。迄今，国际上关于时空拓扑关系的定义还没有一个完整的、普遍接受的定义（吴立新等，2003）。空间拓扑关系是不考虑度量和方向的空间物体之间的空间关系（郭仁忠，2001），定义了实体间连接（连通），确定相邻的多边形（邻接）。时态拓扑定义连通（一个事件接着另一个事件）、邻接（一个事件早于或晚于另一个事件）。时态拓扑关系是时态 GIS 的一项重要内容，也是目前活跃的一个研究领域，是两个空间实体间的时间关系。当前多数时态拓扑研究主要集中于时态拓扑操作符的研究，Allen 的区间代数是较好的时态拓扑操作。他把任意两个区间的关系描述为十三个基本关系子集。表 5－1 为七种基本的时态拓扑关系，七种关系中除“同期（X equal Y）”外，都对应一个相反的情况，故共有十三种可能的拓扑关系。

表 5－1　Allen 的时态拓扑关系（Allen 1984）

时态关系	X　　　　Y
X 先于 Y（X before Y）	
X 与 Y 同期（X equal Y）	
X 与 Y 相连（X meet Y）	

（续表）

时态关系	X　　Y
X 与 Y 重叠(X overlap Y)	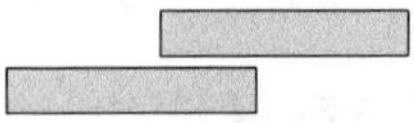
X 在 Y 期间(X during Y)	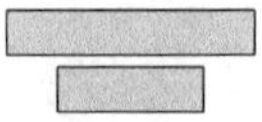
XY 同始(X start Y)	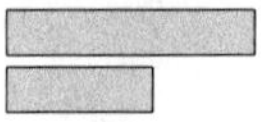
XY 同终(X end Y)	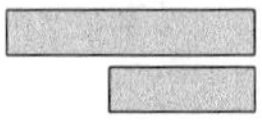

时态拓扑允许时间和空间之间的复合交互。时态拓扑允许下列操作(Adams et al.，2001)：

(1) 空间/时间邻近操作，如：街道上未铺设人行道前不画斑马线；

(2) 时态的期间操作，如：2004 年 1 月至 12 月开通的公路；

(3) 空间/期间操作，如：在沪宁高速公路扩建期间所发生的意外事故；

(4) 时态后期操作，如：沪宁高速南京段扩建完成后总的事故。

5.2　时空数据模型概述

时空数据模型是一种有效组织和管理时态地理数据、属性、空间和时间语义更完整的地理数据模型(曹志月等，2002)。时空数据模型是时态 GIS(Temporal GIS，TGIS)的基础，时空数据模型的优劣，不仅决定了 TGIS 系统操作的灵活性及功能，而且影响和制约着 TGIS 其他方面的研究和发展。各国学者对时空数据模型进行了大量的研究，提出了各种时空数据的表示方法和数据模型。由于 GIS 中空间对象的空间特征、非空间属性特征、时态特征之间的结构组织和关系非常复杂，理想的时空数据库和时态 GIS 系统目前还未出现(刘仁义等，2000)，现有的时空数据模型分为以下几种：时间属性型时空数据模型，时间维模型，基态修正模型，面向对象模型。

5.2.1　时间属性型时空数据模型

纯空间数据模型分别用空间数据和属性数据描述空间实体，时间属性型时空数据模型将时态特征描述为对象的属性，这一类数据模型以关系数据模型为实现基础。

有三种方法可以表达空间实体在数据库中的变化(Klopprogge，1981；Gadia，1988；龚健雅，1997)：第一种方法是当一个或者若干个实体在一次事件中发生变化时，对这些实体所涉及的关系表重建一个新的版本；第二种方法是对变化的实体给定一个新的版本；第三种方法是仅仅对实体变化所涉及的属性字段增加一个新值。基于这种分析，在这类时空数据模型中，根据其扩充时态特性所基于的不同级别可分为关系级模型、元组级模型和属性级模型。

5.2.1.1　基于关系级的时空数据模型

关系级时空数据模型一般采用连续快照描述。采用快照数据模型的数据库仅记录当前数据状态，数据更新后，数据变化前的值不再保留，即不存储过去状态。连续快照模型将一系列时间片段快照保存下来，反映不同时刻空间要素的特征，根据需要对指定时间片段的空间特征状态进行播放。由于模型是记录不同时刻的空间特征，无论空间对象是否发生改变都将被重新记录一次，这会产生大量的数据冗余，当应用模型变化频繁、数据量较大时，系统效率急剧下降(张师超，1992；舒红等，1998)。由于基于关系级的时空数据模型不是针对单一空间对象的，难以处理空间对象间的时态关系(陈军等，1995)。

5.2.1.2　基于元组级的时空数据模型

这种模型又称第一范式(N-F)关系时空数据模型，元组级时空数据模型将时间标记在元组级上，元组中的属性值必须具有时间标记，一旦某一空间实体的性质发生变化，即在关系表中加入一个新元组，一个实体的历史过程需要用几个元组表达。采用这种模型的数据库，对于一个空间实体的表达，即使未发生空间拓扑变化，而仅一个属性特征值发生了变化，就必须增加一个新的元组来表示，数据表示中记录了大量重复数据(张师超，1992)，存在大量的冗余数据。

5.2.1.3　基于属性级的时空数据模型

这种模型又称为非第一范式(N1NF)数据模型。基于属性级的时空数据模型认为时间应当是空间实体属性的时间，而不是元组的一部分。如果要描述属性的时间变化，那么元组就不可能是定长的记录，而是一种非表格化的复杂对象，不能用第一范式描述。因此提出了非第一范式。N1NF 非常适合时态 GIS 的应用，减少了数据冗余，但 N1NF 不能采用现有的 RDBMS，技术实现上有一定的难度。

在传统的空间关系模型中加入时间维，扩充关系模型、关系代数及查询语言，模拟处理时态数据，增强存储管理功能，实现时空数据存取的高效索引技术，从而直接或间接地基于关系模型支持时空数据的存储、表示和处理。

5.2.2　时间维模型

时间维模型用二维或三维空间实体沿时间维发展变化的过程表现现实世界空间对象随时间的演变；给定一个时间位置值，就可以从相应的空间中获得相应截面的状态。这种模型存在一些缺点：随着数据量的增大，操作会变得越来越复杂，以致最终难以处理；空间数据和非空间数据的变化还必须分别处理；不可能用现有的 GIS 和 DBMS 支持高维对象(曹志月等，2002)。

5.2.3　基态修正模型

在快照模型中，将一定时间间隔的某些时刻的空间状态重复进行记录，这种数据模型会产生大量的数据冗余，基态修正模型储存某个时间的状态(一般为现在状态)，这一状态称为基态，然后存储相对于基态的变化量。基态修正的每一个对象储存一次，在事件发生或对象发生变化时才将变化存入系统，只有很小的数据量需要记录。但基态修正模型很难处理给定时刻的空间对象间的空间关系(陈军等，1995)。当一个大的区域作为处理对象时，模型处理方法难度较大，效率较低，管理索引变化很困难(张祖勋等，1998；舒红等，1998)。张祖勋等(1996)提出了一种分级索引方法，改进了相对基态的修正方式。

5.2.4 面向对象模型

近年来，有很多学者对面向对象的技术应用于模型建立方面进行了研究，面向对象(Object-Oriented，OO)方法提供了泛化、特例化、聚集和关联等机制。面向对象方法提供的这些技术易于支持时态 GIS 中各种形式的时空数据，在处理时空不确定性方面，OO 技术体现了优越性(吴信才等，2008)。

尽管面向对象技术在建模概念、理论基础和实现技术上还没有达成共识，不够成熟，但它以更自然的方式将复杂的时空信息模型化，是支持时空复杂对象建模的最有效手段(曹志月等，2002)。面向对象的时空数据建模是目前面向对象的方法在 GIS 中应用的高级阶段。

5.3 交通要素的时态特征

交通系统是交通要素的聚集，交通要素是一种空间对象，具有空间对象的一般特征。在第四章中，我们研究了交通要素的空间特性。空间实体是对地理现象的抽象，在静态 GIS 中，抽象的数字表达主要通过矢量数据或栅格数据描述空间实体在某一时刻的空间位置、形状相关属性数据。交通要素的时态特征有其自身的特点，其描述方法也与一般的 TGIS 的描述方法不完全一样。

每一个交通要素都存在一个生命周期，有一个发生、发展和消亡的过程。如一条公路，当修建完成后，这条公路就产生了，它具有空间位置特性和其他相关属性。随着时间的变化，道路现有的状态可能不适应交通的需求，于是在某一时间段内对道路进行了改造。改造后的道路等级可能发生了变化，由原来三级道路改造为二级道路，道路的车道数、宽度等属性发生了改变；道路的空间位置也可能发生了变化，如某一段可能进行了改道。这样一些变化是在一定时期内发生，变化前的描述数据与变化后的描述数据存在一个时间问题。

作为一种空间对象的交通要素，在空间数据库中需要描述其属性、空间几何位置以及空间拓扑关系。同样，交通要素的时态描述也涉及属性的时态描述、空间几何位置的时态描述、空间拓扑关系的时态描述。

5.3.1 一般属性的时态变化

道路等级、宽度、车道数等，这些属性数据在一个时间段内是相对稳定的，但也会发生变化。这些变化可称为一般属性时态变化，可以通过属性时态数据描述(龚健雅，1997)。

5.3.2 事件的时态变化

有些交通要素属性变化比较频繁，这也是交通要素的一个主要特征之一，比如说在第四章中提到的事件。事件是交通要素的一种属性、突发事故、偶然现象或物理特性。对于事件来说，通常用动态分段技术进行定位，并要描述事件的发生及消亡时间。交通事件的时态描述与一般属性的时态存在一定的差别。

5.3.3 图形与拓扑关系时态变化

由于道路的改造与建设，一条道路的形态可能发生变化，可能新修一条道路，从而导致路网的拓扑关系发生变化，这些变化可以通过图形与拓扑时态数据描述。

5.3.4　交通规划信息

在道路网络的规划中，不仅描述现有的空间网络，而且要对规划网络进行分析。对规划网络的分析要求在数据库中存放规划方案，而且规划方案可能有多个。因此，还必须描述规划方案信息。

5.4　TFODM的时态模型

TFODM数据模型是一个面向交通要素的GIS-T数据模型，模型中的时态描述也是面向交通要素的。时态模型以面向对象的基本思想组织交通要素。交通要素对象中封装了对象的空间特征、属性特性、时态特性以及相关行为操作及与其他对象的关系。

图4-19描述了交通要素的抽象模型，说明了交通要素必须描述的特征内容。由于交通要素的特殊性，TFODM的时态描述分为属性时态数据描述、事件时态数据描述、图形与图形拓扑关系时态数据描述。

TFODM采用面向交通要素的多基态修正模型(transportation feature-oriented multiple base state with amendment)如图5-4所示，模型由历史某一时刻快照作为历史基态(可以是一个规划期、一个历史发展阶段等)，两个历史快照间的变化采用修正法描述。历史的某一时刻的状态采用相对于某一历史快照(历史基态)的修正，未来的规划状态采用相对现在状态(现时基态)的修正态描述。由于未来的规划可能有多种规划方案，TFODM的时态采用分叉时间结构。TFODM模型采用面向对象的方法(面向交通要素)，使用多个基态(历史基态、现状基态)，所以作者称为面向对象的多基态修正时态数据模型。

TFODM时态模型采用一定历史状态的历史库、现时状态的现时库描述。

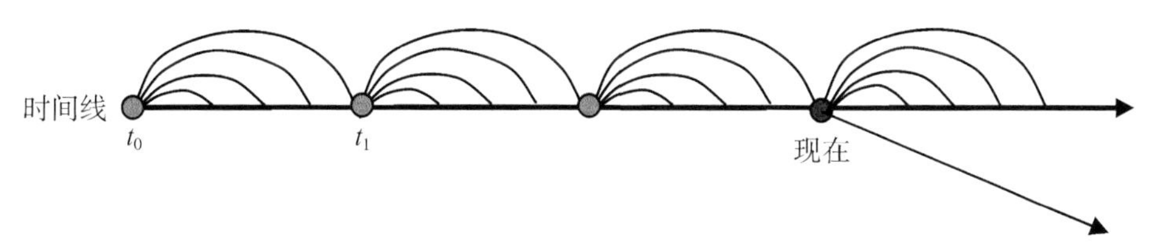

图5-4　TFODM时态模型示意图

在GIS-T中，使用最频繁的应用状态是现时状态，把最新的状态存入在现时库中，现时库中反映的是操作最频繁的现时状态的空间位置和属性数据，数据库中的每一个元组都是当前状态。采用现时状态库有利于交通系统的管理、建设、规划。

一个交通要素的最新状态存放在现时库中，相对某一基态的发生、发展过程存放在历史库中。根据历史库，可以查询给定时刻或期间内交通要素的过去状态。

5.4.1　一般属性的时态变化描述

交通系统中，交通要素的几何位置在相当长的时间内不会发生变化，但一些非几何属性数据的变化比较频繁。

表5-2为某县级市2002年公路、桥梁普查中的公路明细表。

表 5-2　某市 2002 年公路普查明细表　　(里程单位:km)

路线名称	路线编号	行政等级	起点地名	起点桩号	终点地名	终点桩号	公路里程总计	等级公路里程小计	高速公路里程小计	一级公路里程小计	二级公路里程小计	三级公路里程小计	四级公路里程小计
沪聂线	G318000000	一般国道	青清	67	南浔	119.26	52.26	52.26	0	52.26	0	0	0
渡王线	S227320000	省道	松陵镇北	84.615	太平桥	125.83	41.215	41.215	0	37.415	3.8	0	0
环湖线	S230320000	省道	吴中区	53.805	G318八都交叉口	115.605	61.8	61.8	0	0	17.31	37.69	0

表 5-2 实际上是某一区域范围内道路线路的时间快照(区域为某县级市、时间为 2002 年)。对于这张表,用关系型数据库是非常易于描述的。但这张表格不能反映公路的空间位置状态和属性状态,以及路线变化时态信息。只能从表中获取路线中高速公路、一级公路、二级公路、三级公路和四级公路的里程组成,而不能获得不同等级公路的空间分布状况。

在 TFODM 时态模型中,交通要素的一般属性时态用属性进行描述,表 5-3 对表 5-2 进行改进。表中只存储交通要素的基本属性信息,在基本属性信息中增加每一元组版本信息和时态信息,描述交通要素的发生和消亡,即交通要素什么时间产生,什么时间消亡。

表 5-3　带有时态信息的路线表　　(里程单位:km)

要素标识	要素版本	路线编号	行政等级	路线名称	起始时间	终止时间	起点地名	起点桩号	终点地名	终点桩号	公路里程总计	公路等级状态事件当前版本
320000001	1	G318000000	一般国道	沪聂线			青清	67	南 浔	119.26	52.26	1
320000002	1	S227320000	省道	渡王线			松陵镇北	84.615	太平桥	125.83	41.215	1
320000003	1	S230320000	省道	环湖线			吴中区	53.805	G318八都交叉口	115.605	61.8	2

5.4.2　事件的时态数据描述

交通要素的事件分为点状、线状、面状三种几何类型。点事件、面事件的时态描述直接作为属性进行,即可采用时态描述作为属性的方法。对于线状事件,有其交通要素的特殊性。

表 5-2 中的公路等级里程组成可以通过事件进行描述,用线性参照系进行线性定位,环湖线的道路等级可用表 5-4 描述,表 5-4 可用直线图 5-5 更加直观地表现出来。这种描述方法不仅表示了线路的等级构成,而且具有不同等级道路间的空间拓扑关系(动态分段拓扑关系),从 0.00 km 点开始,至 10.31 km 处是二级公路,接下来 27.69 km 是三级公路,最后 7 km 是二级公路。

表 5－4　2002 年环湖线公路等级构成　　　　(距离单位:km)

路段	1	2	3	
偏移距离	10.31	48.00	55.00	
公路等级	二级公路	三级公路	二级公路	

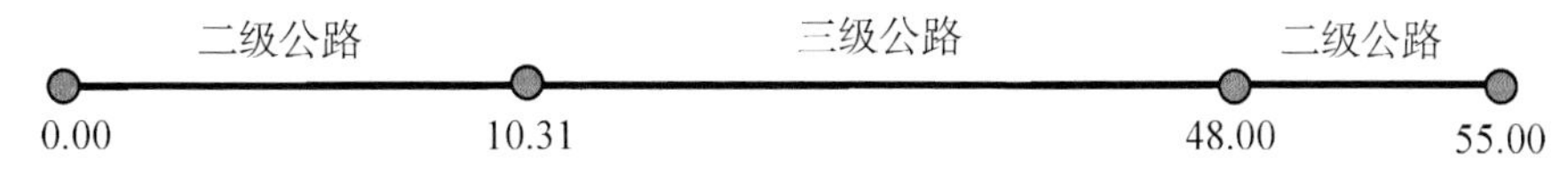

图 5－5　路线等级构成示意图

2002 年的时间快照中只有 2002 年路线状态，而 2000 年路线等级的构成可能是如表 5－5 所示。因此，要描述路线等级构成的变化必须要储存表 5－6 的数据。

表 5－5　2000 年环湖线公路等级构成　　　　(距离单位:km)

路段	1	2		
偏移距离	48.00	55.00		
公路等级	三级公路	二级公路		

与表 5－3(带有时态信息的路线表)相比较，表 5－6 中的属性字段发生了变化，对每一个交通要素(路线)增加了事件版本号。公路等级组成相关信息用事件表示，详细描述交通要素作为事件的属性(路段号、位置、等级)时态变化情况。

表 5－6　路线事件表　　　　(距离单位:km)

<table>
<tr><th>所属交通要素标识(TFID)</th><th>所属交通要素名称</th><th>事件版本号</th><th>起始时间</th><th>终止时间</th><th>路段</th><th>偏移距离</th><th>公路等级</th></tr>
<tr><td>320000001</td><td>沪聂线</td><td>0101</td><td>2002</td><td>当前</td><td>1</td><td>52.26</td><td>一级</td></tr>
<tr><td rowspan="2">320000002</td><td rowspan="2">渡王线</td><td rowspan="2">0101</td><td rowspan="2">2002</td><td rowspan="2">当前</td><td>1</td><td>37.415</td><td>一级</td></tr>
<tr><td>2</td><td>41.215</td><td>二级</td></tr>
<tr><td rowspan="5">320000003</td><td rowspan="5">环湖线</td><td rowspan="2">0101</td><td rowspan="2">2000</td><td rowspan="2">2001</td><td>1</td><td>48.00</td><td>三级</td></tr>
<tr><td>2</td><td>55.00</td><td>二级</td></tr>
<tr><td rowspan="3">0102</td><td rowspan="3">2002</td><td rowspan="3">当前</td><td>1</td><td>10.31</td><td>二级</td></tr>
<tr><td>2</td><td>48.00</td><td>三级</td></tr>
<tr><td>3</td><td>55.00</td><td>二级</td></tr>
</table>

描述事件的有关字段是变长的。面向对象的模型直接支持变长记录、多元组和子对象嵌套，可以为某些将会发生时态变化的字段进行特殊定义，允许它变长，或者说允许这种属性字段在一个元组中嵌入多行的元组表(龚健雅,1997)。

在道路属性中可用事件描述的属性还有路面铺面状态、路面宽度、道路交通量等。

5.4.3　几何与拓扑关系的时态变化描述

在第四章中，已经提出了 TFODM 的空间数据模型，交通要素的空间描述是基于空间网络的。同样，TFODM 的时态模型的时态描述也主要是空间网络的时态描述，而空间网络的时态描述主要是空间网络中的几何网络的时态描述。

TFODM 中的几何网络是生成拓扑网络的基础，拓扑网络一般用于对交通网络在某一时间(时刻或期间)的空间分析。因此，拓扑网络是一定时期的拓扑网络，或者说是一个拓扑网络快照。不同应用、分析目的的拓扑网络是按一定条件选择几何网络的边要素和连接点要素生成。如要对现有交通网络进行路径分析，必须生成现时交通拓扑网络。如果用于规划路网的交通分配，必须生成将来可能的交通拓扑网络。对于不同时期的拓扑网络的变化分析，可以根据时态变化，通过几何网络生成不同时期的拓扑网络进行相关的比较分析。

在交通系统中，当一条道路修建完成后，即为交通几何网络新增了边要素。新增边要素时，根据边要素与网络其他边要素、连接点要素的空间关系可能产生新的节点，也可能不产生新的连接点，连接点时态信息的变化可以通过关联边的时态变化操作获得。因此，几何网络时态的描述主要是边要素时态信息的描述。

表 5－7 是一条几何要素元组的时空数据。在原有边要素表的基础上增加了版本信息和时间信息。几何网络是由不同时期产生的边要素组成，通过几何网络可根据边要素与连接点要素的时空拓扑关系自动生成不同应用目的的拓扑网络。

表 5－7　边要素元组信息

ID	几何数据(geometry)	版本号	Time period	Attribute 1	Attribute 2
e1	$x_1,y_1[,z_1,m_1],\cdots,x_n,y_n[,z_n,m_n]$				
e2					
……					

图 5－6 是时空几何网络与时空拓扑网络的示意图。

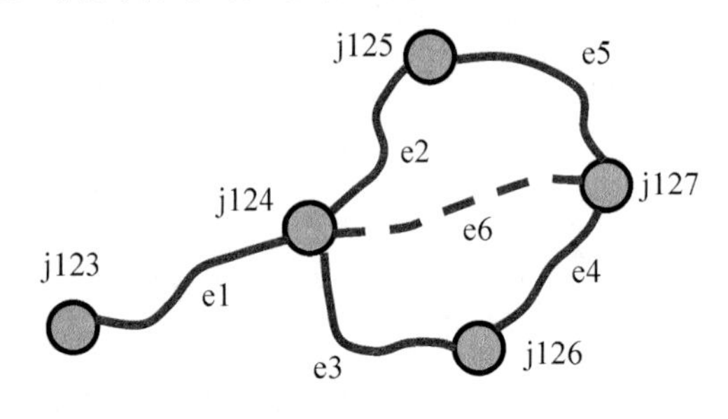

边要素 e1、e2、e3、e4、e5 在 2002 年底前建成（存在于同一期间内），e6 在 2004 年建成

(a) 几何网络时空数据库信息

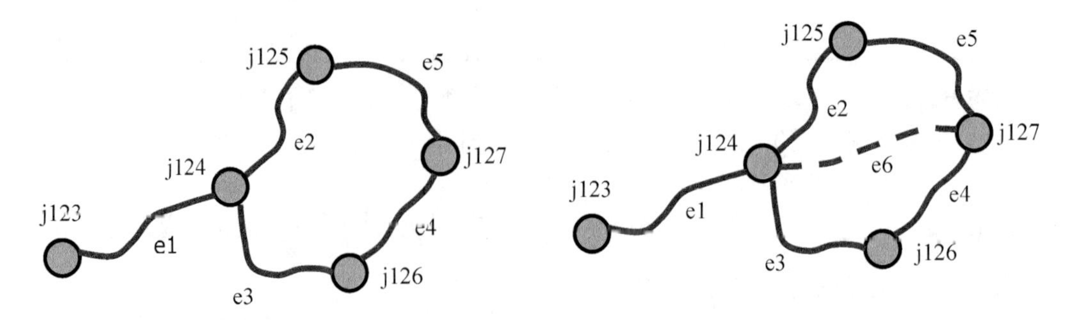

(b) 根据时空拓扑生成的 2002 年交通网络　　(c) 根据时空拓扑生成的 2004 年交通网络

图 5－6　时空几何网络生成拓扑网络示意图

第六章　GIS-T 空间数据库管理系统应用技术

根据面向交通要素的 GIS-T 多维时空数据模型——TFODM，本章将针对模型涉及的主要应用技术进行研究和分析。内容主要有空间线性要素量测值插值理论分析研究，基于线性位置参照系(Linear LRS)与基于空间参照系(SRS)的几何数据转换，时空拓扑网络的自动建立，网络的分析相关算法的研究。

6.1　线性 LRS 与 SRS 几何数据的相互转换

TFODM GIS-T 数据模型的空间数据描述，充分考虑了 GIS 描述空间数据的优势和 GNSS 等数据采集新技术的应用，采用基于 SRS 的数据模型。然而，在传统的交通应用中，一般采用线性 LRS，运用动态分段技术描述相关的交通事件。因此，在 TFODM 空间数据库中，既存在基于 SRS 的几何位置数据，也存在基于线性 LRS 的几何位置数据。基于线性 LRS 的几何位置数据与基于 SRS 的几何位置数据转换是应用系统所必需的一项基本功能。本节提出基于两种位置参照系的几何数据转换理论方法。

6.1.1　线性 LRS 到 SRS 的几何数据转换

交通要素管理、事件描述存在基于线性 LRS 的数据到基于 SRS 的数据转换问题，或称为从 LRM 到空间位置的映射，其映射关系如图 6-1 所示。

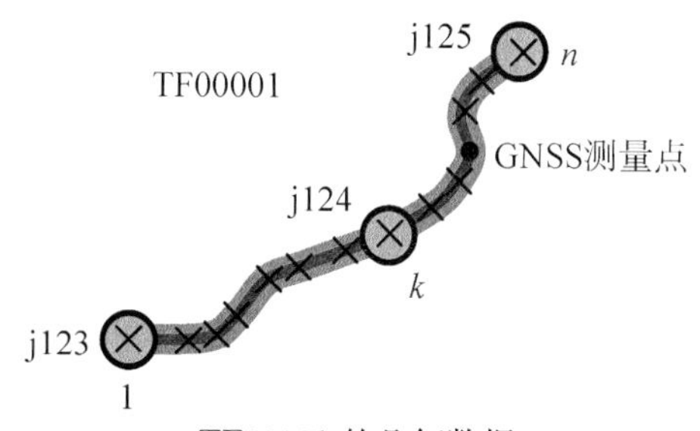

TF00001 的几何数据

几何位置
$x_1, y_1, z_1, x_2, y_2, z_2, \cdots, x_k, y_k, z_k, x_{k+1}, y_{k+1}, z_{k+1}, \cdots, x_n, y_n, z_n$

在几何点数据中增加测量值(measure)

几何位置
$x_1, y_1, z_1, m_1, x_2, y_2, z_2, m_2, \cdots, x_k, y_k, z_k, m_k, x_{k+1}, y_{k+1}, z_{k+1}, m_{k+1}, \cdots, x_n, y_n, z_n, m_n$

图 6-1　LRM 与空间位置映射

基于两种位置参照系的几何数据转换是相互的，一种转换是从基于线性 LRS 的数据到基于 SRS 数据的转换，即：已知线状要素上 A 点距离 m（从起始点到 A 点的距离），要求确定 A 点的坐标值$(x,y[,z])$；另一种转换是从基于 SRS 的数据到基于线性 LRS 的数据转换，即：已知 A 点的坐标值$(x,y[,z])$，要求获得 A 点的距离 m。

对于第一种转换，存在两种情况：一种是仅已知$(n+1)$个采样点 $P_0(x_0,y_0)$，$P_1(x_1,y_1)$，…，$P_n(x_n,y_n)$及从第一点到最后一点的距离；另一种是已知$(n+1)$个采样点 $P_0(x_0,y_0)$，$P_1(x_1,y_1)$，…，$P_n(x_n,y_n)$及其分别对应的到第一点的测量距离 $m_0,m_1,\cdots,m_n$；两种情况均要求出空间曲线上距定点距离为 m 的点的坐标$(x,y[,z])$。它属于一种插值和拟合问题。这里主要研究从基于线性 LRS 的数据到基于 SRS 数据的转换的第二种情况，并以二维空间为例进行讨论。提出采用 Lagrange 型插值、差商及 Newton 插值、差分及等距采样点插值及最小二乘逼近插值四种整体插值的数据转换方法，提出采用分段线性插值及分段多项式最小二乘拟合插值两种分段插值的数据转换方法，并分析各种插值转换方法的优缺点。

6.1.1.1 线性 LRS 到 SRS 数据转换的数学描述

已知二维坐标及量测距离$(x_i,y_i,[m_i])$$(i=0,1,2,\cdots,n$；$m_i$ 为 i 点到 0 点的量测距离$)$，求插值函数：

$$R(m)=\begin{Bmatrix}X(m)\\Y(m)\end{Bmatrix}$$

满足 $X(m_i)=x_i,Y(m_i)=y_i(i=0,1,2,\cdots,n)$。

式中：$X(m)$为到(x_0,y_0)距离为 m 的点的横坐标（后文不加说明同样含义）；

$Y(m)$为到(x_0,y_0)距离为 m 的点的纵坐标（后文不加说明同样含义）。

求出插值函数，即可进行数据转换。这类插值问题可按采用插值点分布范围的不同，分为整体插值和分段插值两类。

6.1.1.2 整体插值数据转换

对于基于线性 LRS 的几何数据到基于空间 SRS 的几何数据的转换，应用于 LRS 到 SRS 的四种整体插值转换方法，分别是：Lagrange 型插值转换、差商及 Newton 插值转换、差分及等距采样点 Newton 插值转换和最小二乘逼近插值转换。

(1) Lagrange 型插值

Lagrange 型插值是由法国数学家拉格朗日（Lagrange）于 1767 年提出的一种方法，插值方法成功地用构造插值基函数的方法解决了求 n 次多项式插值函数问题（具体方法见孙志忠等，2003）。

已知在曲线段$[a,b]$上，$n+1$ 个点 $P(x_0,y_0)$，$P(x_1,y_1)$，…，$P(x_n,y_n)$的测量距离值为 $m_0,m_1,\cdots m_n$，可以求出某点的坐标 x,y 关于该点距离 m 的 n 次 Lagrange 型插值。

首先考虑 x 与 m 的关系，由简单的基本插值多项式：

$$l_k(m)=\prod_{\substack{i=0\\i\neq k}}^{n}\frac{(m-m_i)}{(m_k-m_i)} \tag{6-1}$$

可以求得坐标 x 关于距离 m 的 n 次代数插值多项式为：

$$X(m) = x_0 l_0(m) + x_1 l_1(m) + \cdots + x_n l_n(m) = \sum_{k=0}^{n} x_k \prod_{\substack{i=0 \\ i \neq k}}^{n} \frac{m - m_i}{m_k - m_i}$$

同理,可得坐标 y 关于距离 m 的 n 次代数插值多项式为:

$$Y(m) = y_0 l_0(m) + y_1 l_1(m) + \cdots + y_n l_n(m) = \sum_{k=0}^{n} y_k \prod_{\substack{i=0 \\ i \neq k}}^{n} \frac{m - m_i}{m_k - m_i}$$

综上可得:

$$R(m) = \begin{Bmatrix} X(m) \\ Y(m) \end{Bmatrix} = \begin{cases} \sum\limits_{k=0}^{n} x_k l_k(m) \\ \sum\limits_{k=0}^{n} y_k l_k(m) \end{cases} = \begin{cases} \sum\limits_{k=0}^{n} x_k \prod\limits_{\substack{i=0 \\ i \neq k}}^{n} \dfrac{m - m_i}{m_k - m_i} \\ \sum\limits_{k=0}^{n} y_k \prod\limits_{\substack{i=0 \\ i \neq k}}^{n} \dfrac{m - m_i}{m_k - m_i} \end{cases} \quad (6-2)$$

Lagrange 插值在插值点处没有误差,但在给定的插值点之间可能存在显著震荡,震荡的大小随节点的变化而变化。

(2) 差商及 Newton 插值

已知 $n+1$ 个采样点,存在唯一的次数不超过 n 的插值多项式(孙志忠等,2003),Newton 插值也是一个 n 次多项式插值,所以 Newton 插值是对 Lagrange 型插值的一个简单的修正。其基本思想是将待求的 n 次插值多项式 $X(m)$,$Y(m)$改写为具有承袭性(即修改采样点时不必重新计算而是可以利用前面的计算结果)的形式,然后利用插值条件 $X(m_i)=x_i$,$Y(m_i)=y_i(i=0,1,2,\cdots,n)$确定 $X(m)$,$Y(m)$的待定系数,以求出所要的插值函数。具体实现方法如下:

首先考虑 x 与 m 的关系:

$\dfrac{x_j - x_i}{m_j - m_i}$为 $X(m)$关于 m_i, m_j 的 1 阶差商,记做 $x[m_i, m_j]$;

1 阶差商 $x[m_i, m_j]$和 $x[m_j, m_k]$的差商

$\dfrac{x[m_j, m_k] - x[m_i - m_j]}{m_k - m_i}$为 $X(m)$关于 m_i, m_j, m_k 的 2 阶差商,记做 $x[m_i, m_j, m_k]$;

以此类推可得 $k-1$ 阶差商的差商 k 阶差商:

$$x[m_0, m_1, \cdots, m_k] = \frac{x[m_1, m_2, \cdots, m_k] - x[m_0, m_1, \cdots, m_{k-1}]}{m_k - m_0} \quad (6-3)$$

约定 $X(m_i)$为 $X(m)$关于 m_i 的零阶差商,并记为 $x[m_i]$。

k 阶差商 $x[m_0, m_1, \cdots, m_k]$是由函数值 $x_0, x_1, \cdots, x_n$ 线性组合而成,即

$$x[m_0, m_1, \cdots, m_k] = \sum_{t=0}^{k} \frac{X(m_t)}{\prod\limits_{\substack{i=0 \\ i \neq t}}^{k} (m_t - m_i)} \quad (6-4)$$

将式(6-4)代入《数值分析》(孙志忠等,2003)中的差商一节中的推导公式得:

$$X(m) = a_0 + a_1(m - m_0) + a_2(m - m_0)(m - m_1) + \cdots + a_n(m - m_0)(m - m_1)\cdots(m - m_{n-1})$$

式中：
$$a_k = \sum_{t=0}^{k} \frac{X(m_t)}{\prod_{\substack{i=0 \\ i\neq t}}^{k}(m_t - m_i)}$$

因此，到(x_0, y_0)距离为 m 的点的横坐标 x 为：

$$X(m) = x[m_0] + x[m_0, m_1](m - m_0) + x[m_0, m_1, m_2](m - m_0)(m - m_1) + \cdots + x[m_0, m_1, \cdots, m_n](m - m_0)\cdots(m - m_{n-1})$$

到(x_0, y_0)距离为 m 的点的纵坐标 y 为：

$$Y(m) = y[m_0] + y[m_0, m_1](m - m_0) + y[m_0, m_1, m_2](m - m_0)(m - m_1) + \cdots + y[m_0, m_1, \cdots, m_n](m - m_0)\cdots(m - m_{n-1})$$

即：

$$R(m) = \begin{Bmatrix} X(m) \\ Y(m) \end{Bmatrix} = \begin{cases} x[m_0] + x[m_0, m_1](m - m_0) + \cdots + x[m_0, m_1, \cdots, m_n](m - m_0)\cdots(m - m_{n-1}) \\ y[m_0] + y[m_0, m_1](m - m_0) + \cdots + y[m_0, m_1, \cdots, m_n](m - m_0)\cdots(m - m_{n-1}) \end{cases} \tag{6-5}$$

因为在 $n+1$ 个不同的点上取给定值的次数不超过 n 的多项式是唯一的，所以次数相同的 Newton 插值多项式与 Lagrange 插值多项式是恒等的，它们的差异仅是书写形式不同而已。但是，这种差异却为计算实践带来了很大的方便。实际上，对于差商及 Newton 插值公式来说，当需要增加一个插值节点时，只需在原插值多项式的后面再添加一个新项就可以了。

差商及 Newton 插值法与 Lagrange 插值法相比，具有承袭性和易于变动节点的特点。

(3) 差分及等距采样点 Newton 插值

上面两种方法讨论的是节点任意分布的插值多项式。但在实际使用时，有时遇到等距采样点的情况，即采样点的距离为 $m=ih(i=0,1,\cdots,n;h$ 称为步长)，如线性 LRS 中以里程碑为采样点，此时插值多项式可以进一步简化，而且可以避免除法计算。为此引入差分方法。

记$\begin{cases} \Delta x_i = x_{i+1} - x_i \\ \Delta y_i = y_{i+1} - y_i \end{cases}$，$\begin{cases} \Delta^2 x_i = \Delta x_{i+1} - \Delta x_i \\ \Delta^2 y_i = \Delta y_{i+1} - \Delta y_i \end{cases}$，…，类似地记$\begin{cases} \Delta^k x_i = \Delta^{k-1} x_{i+1} - \Delta^{k-1} x_i \\ \Delta^k y_i = \Delta^{k-1} y_{i+1} - \Delta^{k-1} y_i \end{cases}$

已知差分和差商的关系

$$x[m_i, m_{i+1}, \cdots, m_{i+k}] = \frac{\Delta^k x_i}{k!h^k} \tag{6-6}$$

令 $m=th$，则：

$$\prod_{j=0}^{k-1}(m - m_j) = \prod_{j=0}^{k-1}(th - jh) = h^k \prod_{j=0}^{k-1}(t - j) \tag{6-7}$$

将式(6－6)与式(6－7)代入式(6－5)就可以求出 $R(m)$表达式如下：

$$R(m) = \begin{Bmatrix} X(m) \\ Y(m) \end{Bmatrix} = \begin{Bmatrix} X(th) \\ Y(th) \end{Bmatrix} = \begin{cases} \sum_{k=0}^{n} \frac{\Delta^k x_0}{k!} \prod_{j=0}^{k-1}(t - j) \\ \sum_{k=0}^{n} \frac{\Delta^k y_0}{k!} \prod_{j=0}^{k-1}(t - j) \end{cases}$$

式中：$t=\dfrac{m}{h}$。

k 次多项式的 $k+1$ 阶导数等于零，因此它的 $k+1$ 阶差分也等于零。这个性质使得我们可以借助于差分的性质来确定所需的插值多项式的次数。例如，当发现函数的第 k 阶差分为常数或近似为常数时，则用 k 次多项式去作插值多项式就会有较好的结果。

(4) 最小二乘法逼近插值

所谓最小二乘法就是要求因变量 y 的所有观测值与相应的计算值之差在平方和最小的意义下，使得函数 $y=f(C_1,C_2,\cdots,C_t,x_0,x_1,x_2,\cdots,x_n)$ 与观测值 $y_0,y_1,y_2,\cdots,y_n$ 最佳拟合。

可以构造一个 x,y 关于距离 m 的 t 次多项式(通常点的个数大于 $2t+1$)：

$$R(m)=\begin{Bmatrix}X(m)\\Y(m)\end{Bmatrix}=\begin{cases}a_0+a_1m+a_2m^2+\cdots+a_tm^t\\b_0+b_1m+b_2m^2+\cdots+b_tm^t\end{cases}\tag{6-8}$$

式中：$a_i(i=0,1,\cdots,t)$，$b_j(j=0,1,\cdots,t)$ 为待定系数。

根据最小二乘法，应该求出使下式最小的 $a_0,a_1,a_2,\cdots,a_t,b_0,b_1,b_2,\cdots,b_t$：

$$\begin{cases}Q(a_0,a_1,a_2,\cdots,a_t)=\sum\limits_{i=0}^{n}(X(m_i)-x_i)^2\\Q(b_0,b_1,b_2,\cdots,b_t)=\sum\limits_{i=0}^{n}(Y(m_i)-y_i)^2\end{cases}\tag{6-9}$$

$Q\geqslant 0$，并且 Q 存在最小值。求 Q 关于 $a_0,a_1,a_2,\cdots,a_t,b_0,b_1,b_2,\cdots,b_t$ 的偏导数，并令其等于零，得到：

$$\begin{cases}\sum\limits_{i=0}^{n}(x_i-a_0-a_1m_i-a_2m_i^2-\cdots-a_tm_i^t)\dfrac{\partial}{\partial a_k}X(m_i)=0\\\sum\limits_{i=0}^{n}(x_i-b_0-b_1m_i-b_2m_i^2-\cdots-b_tm_i^t)\dfrac{\partial}{\partial b_k}Y(m_i)=0\end{cases}\qquad k=0,1,\cdots,t;$$

由上可推得正则方程为：$\begin{cases}\boldsymbol{E}*\boldsymbol{F}_a=\boldsymbol{U}_a\\\boldsymbol{E}*\boldsymbol{F}_b=\boldsymbol{U}_b\end{cases}$

式中：$$\boldsymbol{E}=\begin{bmatrix}n & \sum\limits_{i=0}^{n}m_i & \sum\limits_{i=0}^{n}m_i^2 & \cdots & \sum\limits_{i=0}^{n}m_i^t\\\sum\limits_{i=0}^{n}m_i & \sum\limits_{i=0}^{n}m_i^2 & \sum\limits_{i=0}^{n}m_i^3 & \cdots & \sum\limits_{i=0}^{n}m_i^{t+1}\\\sum\limits_{i=0}^{n}m_i^2 & \sum\limits_{i=0}^{n}m_i^3 & \sum\limits_{i=0}^{n}m_i^4 & \cdots & \sum\limits_{i=0}^{n}m_i^{t+2}\\ & & \vdots & & \\\sum\limits_{i=0}^{n}m_i^t & \sum\limits_{i=0}^{n}m_i^{t+1} & \sum\limits_{i=0}^{n}m_i^{t+2} & \cdots & \sum\limits_{i=0}^{n}m_i^{2t}\end{bmatrix};$$

$\boldsymbol{F}_a=(a_0,a_1,a_2,\cdots,a_t)^{\mathrm{T}}$；

$$\boldsymbol{F}_b = (b_0, b_1, b_2, \cdots, b_t)^{\mathrm{T}};$$

$$\boldsymbol{U}_a = (\sum_{i=0}^{n} x_i, \sum_{i=0}^{n} x_i m_i, \sum_{i=0}^{n} x_i m_i^2, \cdots, \sum_{i=0}^{n} x_i m_i^t)^{\mathrm{T}};$$

$$\boldsymbol{U}_b = (\sum_{i=0}^{n} y_i, \sum_{i=0}^{n} y_i m_i, \sum_{i=0}^{n} y_i m_i^2, \cdots, \sum_{i=0}^{n} y_i m_i^t)^{\mathrm{T}}。$$

根据上面的正则方程就可以求出 $a_0, a_1, a_2, \cdots, a_t, b_0, b_1, b_2, \cdots, b_t$ 的值，将这些值代入式(6-8)就可以得出$\begin{Bmatrix} x \\ y \end{Bmatrix}$的近似值$\begin{Bmatrix} X(m) \\ Y(m) \end{Bmatrix}$。

在式 $R(m)=\begin{Bmatrix} X(m) \\ Y(m) \end{Bmatrix}=\begin{cases} a_0+a_1m+a_2m^2+\cdots+a_tm^t \\ b_0+b_1m+b_2m^2+\cdots+b_tm^t \end{cases}$ 中，t 取 2 时就可以得到足够精度的插值，此时至少需要 5 个采样点。

最小二乘法虽然有严密的数理统计理论依据，但是它未必能在应用中取得良好的拟合效果，原因主要有以下两点：

① 最小二乘法的前提是处理对象必须属于遍历性平稳随机过程。但实际地表起伏现象都十分复杂。如果前提不符合，就难以保证得到良好的插值效果。

② 确定协方差函数的参数是一个循环迭代过程。当迭代收敛速度慢时，其计算量可能比大多数插值算法都大，因此该方法并不实用。

整体高次多项式插值存在一定的局限性，用插值函数拟合时可能在某一个区间拟合程度较好，而在其他区间可能很差，这种现象称为 Runge 现象。Runge 现象说明插值多项式不一定都能一致收敛于插值函数。因此一般都避免使用高次插值。改进的方法很多，其中一个常用的方法是用分段低次插值(孙志忠等，2003)。

6.1.1.3 分段插值数据转换

分段插值是将曲线分解为若干子曲线段，对各段使用不同的函数进行插值。典型局部分段插值有分段线性插值、分段多项式最小二乘拟合插值。

(1) 分段线性插值

一条由 $n+1$ 个采样点构成的曲线由 n 条线段组成，当对每条线段分别采用 Lagrange 型插值时，即称为分段线性插值。

线性要素的 $n+1$ 个采样点 $(x_0, y_0, m_0), (x_1, y_1, m_1), \cdots, (x_n, y_n, m_n)$，在每个小区间 (m_i, m_{i+1}) 上作线性插值为：

$$R_{1,i}(m) = \begin{Bmatrix} X_i(m) \\ Y_i(m) \end{Bmatrix} = \begin{cases} x_i + \dfrac{x_{i+1} - x_i}{m_{i+1} - m_i}(m - m_i) \\ y_i + \dfrac{y_{i+1} - y_i}{m_{i+1} - m_i}(m - m_i) \end{cases} \qquad m \in [m_i, m_{i+1}]$$

令

$$R_1(m) = \begin{cases} R_{1,0}(m) & m \in [m_0, m_1) \\ R_{1,1}(m) & m \in [m_1, m_2) \\ \vdots & \vdots \\ R_{1,n-2}(m) & m \in [m_{n-2}, m_{n-1}) \\ R_{1,n-1}(m) & m \in [m_{n-1}, m_n] \end{cases}$$

则 $R_1(m)$ 即为满足条件的分段线性插值函数。

令 $h_i = m_{i+1} - m_i$，$h = \max\limits_{0 \leqslant i \leqslant n-1} h_i$，由线性插值的余项估计式可以得出：

$$\max_{0 \leqslant s \leqslant s_n} |R(m) - R_1(m)| \leqslant \begin{cases} \dfrac{1}{8}h^2 \max\limits_{0 \leqslant s \leqslant s_n} |X''(m)| \\ \dfrac{1}{8}h^2 \max\limits_{0 \leqslant s \leqslant s_n} |Y''(m)| \end{cases}$$

由此可知，分段线性插值的余项只依赖于 $X(m)$，$Y(m)$ 的 2 阶导数的界。只要 $\begin{Bmatrix} X(m) \\ Y(m) \end{Bmatrix}$ 在 $[x_0, x_n]$，$[y_0, y_n]$ 上存在 2 阶连续导数，当 $h \to 0$ 时分段线性插值的余项就一致趋于零。

在采用分段线性插值时，计算方便，算法简单。但由于不能保证线段的光滑性，采样点成为拐点时，插值得出的线段光滑性不好。一般情况下不宜采用这种方法，只有在精度要求不高时可采用。

(2) 分段多项式最小二乘拟合插值

整体多项式曲线拟合的关键问题是多项式阶数的确定。在选择较低多项式的阶数时拟合精度较差，选取的阶数较高时拟合精度好，但存在以下问题：

① 正则方程求解较复杂；

② 阶数大于 7 时，正则方程组往往是病态的；

③ 拟合曲线稳健性变差，受随机起伏影响变大。

在实际数据处理中很难完全兼顾，须根据需要折中选择。为了避免解病态方程组带来的麻烦，可用改变函数类 Φ 的基函数的方法，来改善方程组的状态，但可能使正则方程求解更为复杂，拟合曲线的稳健性也会随着阶数的增加而变差。采用分段曲线拟合是有效解决这些问题的一种方法。

分段多项式曲线拟合方法是较常用的一种数据处理方法。它将 $n+1$ 个采样点 $(x_i, y_i, [m_i])$ $(i=0,1,\cdots,n)$ 分成若干个子区间，在每个子区间上采用低次多项式拟合，区间的划分主要根据线形确定。

假设 $n+1$ 个采样点，分为 L 段，则有：

$$n + 1 = n_1 + n_2 + \cdots + n_L$$

对于第 k 段 $(k=1,2,\cdots,L)$，可以找到一个 x、y 关于距离的 t_k 次多项式（通常点的个数 $n_k > 2t_k + 1$）：

$$R_k(m) = \begin{Bmatrix} X_k(m) \\ Y_k(m) \end{Bmatrix} = \begin{cases} a_{k,0} + a_{k,1}m + a_{k,2}m^2 + \cdots + a_{k,t}m^{t_k} \\ b_{k,0} + b_{k,1}m + b_{k,2}m^2 + \cdots + b_{k,t}m^{t_k} \end{cases} (k = 1,2,\cdots,L) \tag{6-10}$$

根据最小二乘法（参见整体插值中的最小二乘逼近的求解），求使得式(6-11)最小的 $a_{k,0}, a_{k,1}, a_{k,2}, \cdots, a_{k,t_k}, b_{k,0}, b_{k,1}, b_{k,2}, \cdots, b_{k,t_k}$。

$$\begin{cases} Q(a_{k,0}, a_{k,1}, a_{k,2}, \cdots, a_{k,t_k}) \\ Q(b_{k,0}, b_{k,1}, b_{k,2}, \cdots, b_{k,t_k}) \end{cases} = \begin{cases} \sum\limits_{i=0}^{n_k} (X_k(m_i) - x_i)^2 \\ \sum\limits_{i=0}^{n_k} (Y_k(m_i) - y_i)^2 \end{cases} \tag{6-11}$$

式中 $Q \geqslant 0$，并且 Q 存在最小值。

可以算出 $a_{k,0}, a_{k,1}, a_{k,2}, \cdots, a_{k,t_k}, b_{k,0}, b_{k,1}, b_{k,2}, \cdots, b_{k,t_k}$ 的值，将这些值代入式(6-8)就可以得出 $\begin{Bmatrix} x \\ y \end{Bmatrix}$ 在第 k 段曲线上的近似值 $\begin{Bmatrix} X_k(m) \\ Y_k(m) \end{Bmatrix}$。

分别求出每一段的 $\begin{Bmatrix} X_k(m) \\ Y_k(m) \end{Bmatrix}$ $(k=1,2,\cdots,L)$，即得 $R(m)=\begin{Bmatrix} X(m) \\ Y(m) \end{Bmatrix}$ 的表达式：

$$R(m)=\begin{cases} R_1(m) & m \in (m_0, m_{n_1}] \\ R_2(m) & m \in (m_{n_1}, m_{n_1+n_2}] \\ \vdots & \vdots \\ R_L(m) & m \in (m_{n_1+n_2+\cdots n_{L-1}}, m_n] \end{cases}$$

采用分段插值时，应考虑各相邻分段函数间的连续性问题。分段的大小由地形复杂程度和特征点的分布密度决定。一般相邻分段之间要求有适当宽度的重叠，这样才能保证相邻分段之间能平滑、连续地拼接。

整体插值模型是基于线性对象全部特征采样点观测值建立的，通过多项式函数来实现。位于简单地形(地形平缓，高低起伏小)中的线性要素，选取的采样点比较少，可采用低次多项式插值。当线性要素位于地形复杂地区、线性弯曲度大时，采样点个数多，虽然选择高次多项式能使数学曲线与实际地面曲线有更多的重合点，但由于多项式是自变量幂函数的和式，采样点的增减和移位都需要对多项式的所有参数做全面调整，从而采样点间会出现难以控制的振荡现象，使函数极不稳定。此外，整体插值法需要求解高次线性方程组，采样点测量误差的微小扰动都可能引起高次多项式参数很大的变化，使高次多项式插值很难得到稳定解。由于整体插值法存在上述缺点，实际工作中应尽量少用整体插值。

线性分段插值是 Lagrange 型插值的特例，当对构成曲线的每一段折线用 Lagrange 进行插值时即为线性分段插值。线性插值虽然计算量小，算法简单，但精度低。分段多项式最小二乘拟合插值在考虑各相邻分段函数间的连续性问题、分段的大小、适当宽度的重叠后，能保证相邻分段之间平滑、连续地拼接，具有较好的效果。

6.1.2 SRS 到线性 LRS 的数据转换

6.1.2.1 数据转换

如图 6-1 所示，在已知线性要素第 k 与 $k+1$ 个几何点间一事件点 $E(x,y,z)$ 的情况下，可通过下式求得 E 点到连接点 $j123$ 的距离 S：

$$S=\sum_{2}^{k}\sqrt{(x_k-x_{k-1})^2+(y_k-y_{k-1})^2+(z_k-z_{k-1})^2}+\sqrt{(x_E-x_k)^2+(y_E-y_k)^2+(z_E-z_k)^2} \tag{6-12}$$

上式是一个理论上的模型，要求描述线性要素的几何数据是三维空间(x,y,z)的，并且矢量坐标串应能较好地拟合实际空间线形。但在实际中，可能因为线性要素空间位置数据(x,y,z)的精度、特征采样点的分布合理性而导致误差。TFODM 模型几何网络的几何数据中，对线性特征上的几何点增加量测值(measure)，量测值可以是该点到定点的距离，也可以是其他与该点相关的专题数据特征。根据量测值，可通过相关插值方法进行距离插值。当描述线性要素的几何数据是基于三维空间时可直接采用两点之间的线性内插。

根据 E 点相邻两点的量测值，通过内插获得距离 m_E。下式是线性内插表达式：

$$m_E = m_k + m_{kE} = m_k + \frac{m_{k(k+1)} S_{kE}}{S_{k(k+1)}} \tag{6-13}$$

式中：m_E——E 点到线性特征开始点的量测距离；

m_k——线性特征中第 k 几何点到线性特征开始点的量测距离；

m_{kE}——E 点到第 k 个几何点的量测距离；

$m_{k(k+1)}$——线性特征第 k 个几何点到第 $k+1$ 个几何点之间的量测距离；

S_{kE}——线性特征第 k 个几何点到 E 点的计算距离；

$S_{k(k+1)}$——线性特征第 k 个几何点到第 $k+1$ 个几何点之间的计算距离。

6.1.2.2　线性要素中量测值(m)的确定

在交通空间数据库的建库中，可以采用多种方法获取几何网络边要素的几何数据，如通过对现有不同比例尺的地图数字化，通过野外实地地形测量，通过 GNSS 接收机实地测量。在 TFODM 数据模型中，边要素可以通过二维(x,y)、三维(x,y,z)或四维(x,y,z,m)坐标描述，四维坐标是在三维空间的基础上增加了一个量测参数，在 GIS-T 中可用于描述要素特征点到某一特定点的空间距离，即是特征点(x,y[,z])线性位置参考数据。增加第四维用于线性位置参照数据描述，提高了基于 SRS 与基于线性 LRS 的数据转换精度。

对每一个几何点到线要素特定位置(一般为开始处)的距离通过量测的方法获得是非常麻烦和费时的，作者提出通过量测值(m)控制点进行内插的方法确定线性要素每一几何特征点的量测(距离)值。即在线性要素的主要特征位置设置量测值控制点，然后根据控制点量测值选择适当的内插方法进行其他几何特征点量测值的内插。

6.2　时空拓扑多层次网络的自动生成技术

TFODM GIS-T 数据模型的空间描述是基于空间网络的，空间网络不仅是交通要素的空间几何骨架，而且根据空间关系和时间关系可以生成某一时刻的时空拓扑网络。

6.2.1　几何网络的处理技术

在 4.2 节中已经提到：几何网络是参与线性系统的几何目标集合(Zeiler，1999)，是组成网络的几何特征的表现，是边(edge)和连接点(junction)组成线性连接系统的要素集(ESRI，1991)。一条边有两个连接点，一个连接点可以与多条边相连。任意两条边可以在二维空间上交叉而没有连接点，如两条通过立交桥交叉的公路。这种情况在 GIS 中称为非平面强化(nonplanarity)。

TFODM 的几何网络采用非平面数据模型(non-planar data model)，非平面网络数据模型同样由边要素和连接点要素组成，但放弃了平面强化过程，并不要求道路交叉处一定产生连接点，是否产生连接点视真实情况确定。如立体交叉的两条道路如果不连通，那么就不产生连接点。这种处理方式使逻辑网络与真实世界的道路网络更加一致，避免了非拓扑连接点的产生及立体网络中不可能的转向，更有利于交通网络的分析。

非平面几何网络的建立过程是对用面条模型描述的线状要素按一定的规则剪断生成边要素和连接点要素的过程。因为几何网络中不存储拓扑关系，生成过程中不进行邻接关系的计算。由于在二维平面上的交叉边可能不产生连接点，所以二维平面(x,y)上相交的线段需进行第三维(z)判别，当二维平面上交叉点处两线段的第三维值相同时，则产生新的连接点，否则不产生连接点。

通过第三维判断空间交叉的线段时，原始数据必须是基于三维空间的。如果用于建立非平面几何网络的线段采用二维的平面坐标时，建立非平面数据模型几何网络通过平面强化（剪断所有相交的线段），平面强化后的路段必然会产生非拓扑节点（真实世界中不存在交叉），必须进行手工编辑，去除非拓扑节点。由于交通网络中的相交而不连通的情况并不是非常多，所以这种手工方法还是可以接受的，但最好是采用三维空间数据进行相交判别。

6.2.2 纯空间拓扑网络的自动生成

拓扑网络的自动生成是自动建立节点/联线拓扑关系的过程。在现有的 GIS 应用系统中，拓扑网络可以根据几何网络边要素的空间位置由应用软件自动生成拓扑网络的节点元素、联线元素及其相互之间的拓扑关系。

拓扑网络的节点元素、联线元素及其相互之间的拓扑关系的自动建立通常有两种方法：一种是在图形采集和编辑的过程中实时建立，另一种是在图形采集与编辑完成之后系统自动建立拓扑关系。两者的算法思想基本一致，所不同的是一种是批处理方法，把所有数据处理编辑完成后一次建立；另一种是边编辑加工边建立拓扑关系。

本书所称的纯空间拓扑网络的自动生成，是不考虑时态的一般空间拓扑关系的自动生成，为了与时空拓扑关系的自动生成区别，在本书中一般空间拓扑关系生成称为纯空间拓扑网络的自动生成。TFODM 在对几何网络进行相应的处理后可自动生成拓扑网络，是所有几何要素都参加的一种拓扑网络自动生成方法。在作者研制的系统中的处理界面如图 6－2 所示。

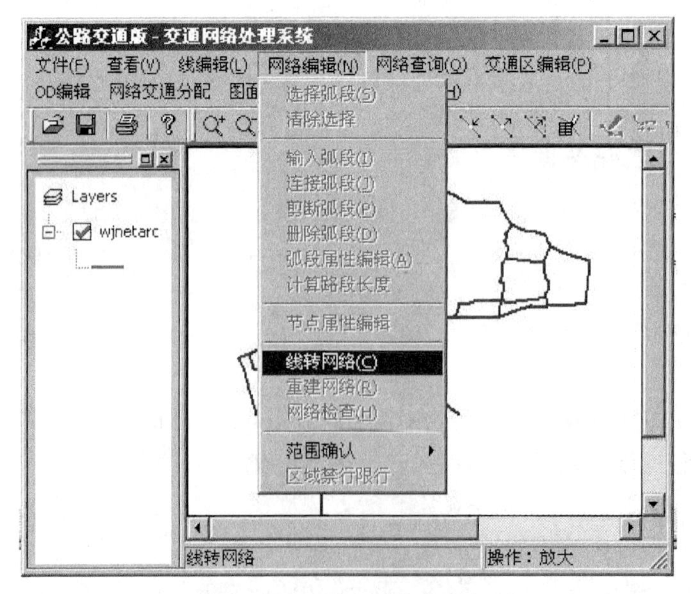

图 6－2 时空网络生成

6.2.3　时空拓扑网络的自动生成

TFODM 的拓扑网络是某一时间点的拓扑网络，因此称为时空拓扑网络。在 GIS-T 数据库中，不存储某一时刻的拓扑网络，某一时刻的拓扑网络可以根据时空几何网络自动生成。

生成某一时刻拓扑网络的初始数据是时空几何网络，时空拓扑网络的自动生成是根据几何网络要素的时空拓扑关系生成的。时空拓扑网络实质上是交通网络的一个时间快照，如 2018 年某地区的交通网络，生成时首先根据时态拓扑关系，找出在 2018 年(时间点)在几何网络中处于活动期的边要素(一个空间要素根据时间拓扑选择查询过程)，选择过程涉及时间的操作运算，当在 2018 年这一时间存在时选择参加拓扑网络的生成，否则不参加网络拓扑的生成。

6.3　空间网络路径分析

交通网络的路径分析在 GIS-T 中有着非常重要的作用，道路网络规划，满足某种需要的路径查询、资源分配等都涉及网络路径的分析。

6.3.1　面向对象基于网络要素的网络模型

图论是网络数据模型的基础。一般 GIS-T 的数据建模分为两步。第一步是将交通网络描述为网络元素集合，典型的网络元素是联线(link)和节点(node)；第二步主要描述现象沿网络的变化，这种变化可以反映为离散的点属性和连续的线属性。点属性如事故发生地、桥梁，线属性如允许超车的区域、用同一种铺面材料的路段。交通网络分析的基础是图论。

6.3.1.1　图论的基本概念

一个图 $G=(V,E)$ 是由非空点集 $V=\{V_1,V_2,\cdots,V_n\}$ 和边集 $E=\{e_1,e_2,\cdots,e_m\}$ 组成。边集 E 是顶点集 V 上的一个二元关系。图 G 可以表示成一个网络图形。如果构成边集的各个顶点对是有序的，那么图 G 就是有向图(directed)；否则图是无向图(undirected)。顶点有时也称为节点(node)，边有时也称为联线(link)或弧段(arc)。有序顶点对的第一个顶点称为前驱(predecessor)或源(source)，第二个顶点称为后继(successor)、目的(destination)或汇点(sink)。

从任一顶点 $V_i \in V$ 到另一顶点 $V_j \in V$ 都有至少一条通道相连的图称为连通图，否则为不连通图。

在具体的应用中，往往还需要对图中的边赋值，所赋值可以表示边的各种不同的意义。如在道路网络中可能是其长度，各种阻抗、其他属性等。它们是对相应边的一个定量描述，是一个比率尺度的量。设边 e_i 的值为 a_i，则：

$$E=\{(e_1,a_1),(e_2,a_2),\cdots,(e_m,a_m)\}$$

或者设

$$A=\{a_1,a_2,\cdots,a_m\}$$

则 G 是一个三元组：

$$G=(V,E,A)$$

路径(path):由一系列邻接边组成。如序列$(v_0,v_1),(v_1,v_2),\cdots,(v_{n-2},v_{n-1}),(v_{n-1},v_n)$表示一条路径,它的每一条边都与前一条边或者后一条边有一个公共节点。

6.3.1.2 网络数据结构

迄今为止,能获得一致认可的用于空间网络建模的抽象数据类型集尚未形成,计算机中存储网络的数据结构主要有两种:一种是邻接矩阵(Adjacency-matrix),另一种是邻接表(Adjacency-list)。

(1) 邻接矩阵(Adjacency-matrix)

图 G 的邻接矩阵 $\boldsymbol{C}$ 可定义如下:

$$\boldsymbol{C}=(c_{ij})_{n\times n}\in\{0,1\}^{n\times n}$$

$$c_{ij}=\begin{cases}0 & (i,j)\notin E\\ 1 & (i,j)\in E\end{cases} \tag{6-13}$$

在邻接矩阵中,行和列表示图的顶点,矩阵的取值 c_{ij} 为 1 或 0,取 1 还是 0 根据两个顶点之间是否有边,如果有边取 1,否则取 0。如果是无向图,那么矩阵是对称的。如图 6-3(a)为一个实际的交通网络图,其邻接矩阵如图 6-3(b)所示。

(2) 邻接表(Adjacency-list)

邻接表数据结构是一个指针数组,数组中的每个元素对应图中的一个顶点,而指针则指向该顶点的一个直接后继顶点表。

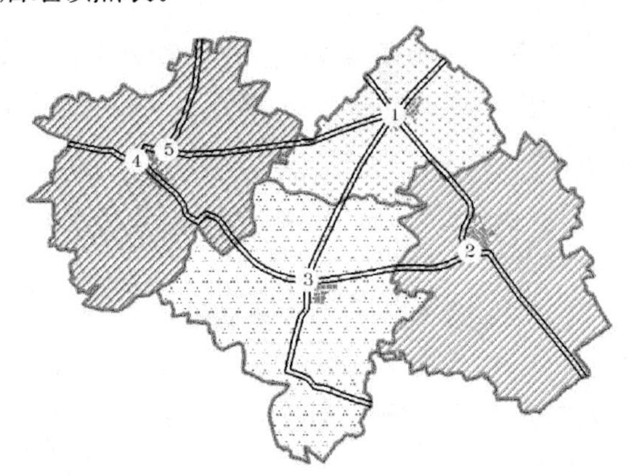

(a) 交通网络的基本要素示意图

	1	2	3	4	5
1	0	1	1	0	1
2	1	0	1	0	0
3	1	1	0	1	0
4	0	0	1	0	1
5	1	0	0	1	0

(b) 邻接矩阵

1	→	2,3,5
2	→	1,3
3	→	1,2,4
4	→	3,5
5	→	1,4

(c) 邻接表

图 6-3 网络的表示方法

(3) 关联矩阵

有向图 G 的关联矩阵 $\boldsymbol{B}$ 定义如下：

$$\boldsymbol{B} = (b_{ia})_{n\times m} \in \{-1,0,1\}^{n\times m}$$

$$b_{ia} = \begin{cases} 1 & \exists j \in N, a = (i,j) \in A \\ -1 & \exists j \in N, a = (j,i) \in A \\ 0 & \text{否则} \end{cases} \tag{6-14}$$

式中：$\boldsymbol{B}$ 是 $n\times m$ 的矩阵；

n 为节点数；

m 为弧段数。

利用邻接矩阵和邻接表描述道路网络图有时是不完善的，在邻接矩阵中，仅反映了节点与节点之间的邻接关系，即两个节点之间是否有弧段相连。通常情况下，两个节点之间仅有一条弧段相连，但不排除有两条弧段存在的可能。如果利用邻接矩阵就不能描述这种情况。

本书提出利用改进的关联表进行描述。

节点表：

Node_ID	x	y	Attribute_1	Attribute_2	……

弧段表：

Arc_ID	Attribute_1	Attribute_2	……	

弧段-节点关联表：

Arc_ID	From_Node	To_Node

节点-弧段关联表：

Node_ID	Arc_ID_1	Arc_ID_2	Arc_ID_3	……

在具体应用中，可将节点-弧段关联表并入节点表中，将弧段-节点关联表并入弧段表中。

6.3.1.3　基于网络要素面向对象的网络数据模型

空间网络包括几何网络和逻辑网络，TFODM 的网络要素层包括几何网络对象、拓扑网络对象和路径对象。

几何网络包括边要素、连接点要素。几何网络对象，边要素、连接点要素可定义如下：

```
public class CGeometricNetwork
{
//attribute
public:
    long m_JunctionFeatureNumber;
    long m_EdgeFeatureNumber;
protected:
    JunctionFeatureLink;
    EdgeFeatureLink;
    ……
//method
    FindEdge(long ID);
    FindJunction(long ID);
    FindEdge(double x,double y);
    FindJunction(double x,double y);
    ……
}
class CGeometricJunctionFeature
{
public:
    long lJunctionID;
protected:
    geometriy:x,y,z;
……
}
class CGeometricEdgeFeature
{
public:
    long lEdgeID;          //
protected:
    geometriy:Coordinate string;          //边几何数据
……
}
```

网络建模的基础是图，这里所指基于网络要素的网络数据模型是拓扑网络数据模型，在第四章中已经提到，TFODM 中拓扑网络有两种基本元素——节点元素和联线元素，这两种基本元素即是图中的联线和节点。TFODM 中拓扑网络节点元素分为两种，一种是简单节点，一种是复合节点。基本的网络要素可定义如下：

```
class CLogicalNetwork
{
```

```
public:
    UINT logicalNetworkID;      //网络标识
    Bool isComplexNode;         //网络是否为一个复合节点
protected:
    long m_NodeNumber;
    long m_LinkNumber;
NodeElementLink;
    LinkElementLink;
    InterfaceNodeIDLink;        //作为复合节点的网络边界节点
    //关于边界节点的邻接矩阵
    ……
}
class CNodeElement
{
public:
    long iNodeID;
    Bool isComplexNode;         //说明是否为复合节点
    UINT logicalNetworkID;      //如果是复合节点,用于描述所指网络标识
protected:
    geometriy:x,y,z;
    neighbourFromLinkIDLink;
    neighbourToLinkIDLink;
……
}
class CLinkElement
{
public:
    long iLinkID;
protected:
    geometric   EdgeIDList;         //几何数据索引标识
    long iFromNode;
    long iToNode;
……
}
```

路径对象定义如下:

```
class CPath
{
public:
    long lPathID;
```

```
        other Attribute;
    protected:
        long lnumberOfEdge;
        JunctionFeatureLink;
        EdgeFeatureLink;
        ......
    }
```

6.3.2 基本网络查询及算法分析

空间网络上常用的查询分为三类:单遍扫描查询、连接查询、空间网络分析查询。

单遍扫描查询包括节点查询、弧段(路段)查询。

连接查询是多个空间网络的图形叠加。

空间网络分析查询是一组基于传递闭包(transitive closure)的查询,主要包括最短路径、连通性确定、最短游历路线、定位和分配等。确定图的传递闭包是一个重要的图操作。图 $G(V,E)$的传递闭包 G^* 与 G 有相同的顶点集 V,但边集则由 G 的所有路径组成。

单遍扫描查询、连接查询采用 GIS 的一些基本方法即可以实现,由于空间网络是一种特殊的空间数据结构,因此网络的分析查询具有其特殊性,以下分析基于本书提出的基于网络要素的网络数据模型网络分析查询算法。

6.3.2.1 网络路径查询

网络路径查询(path query)是空间网络应用中的一个重要组成部分,是交通规划管理、导航路径查询的基础。路径查询可以分为三类:单对(single pair)路径查询、单源(single source)路径查询和所有点对(all pairs)间的路径查询(Deo et al. ,1984;严蔚敏等,1997;郭仁忠,2001;Shekhar et al. ,2003)。

单对路径查询是给定一个网络中的顶点 u 和 v,要求找出 u 和 v 之间的最佳路径,最短路径查询就是一种单对路径查询问题。

单源路径查询是给定源节点 u,要求在网络中找出从 u 到其他所有节点的最佳路径,是一个部分传递闭包(partial transitive closure)问题。在交通的网络分配中,从一交通区到其他交通区的 OD 分配即是一种单源路径查询问题。

所有点对间的路径查询是在网络中找出所有节点对 u 和 v 之间的最佳路径,是一个传递闭包问题。

从逻辑上讲,路径查询的三类问题中第一类问题最简单,似乎也最容易求解,但是从目前已提出的各种算法来看,解决第一类问题方法是先解决第二和第三类问题(郭仁忠,2001)。单源路径查询算法最具有普遍意义,通过对单源路径查询算法的改进可实现单对路径查询和所有点对间的路径查询。

6.3.2.2 基本的单源最短路径算法

网络查询分析算法中,图的遍历算法是所有路径计算算法的基础。常用图的遍历算法有广度优先搜索(Breadth-First Search)、深度优先搜索(Depth-First Search)。单纯应用深度优先和广度优先搜索策略的最佳路径算法效率会随网络规模的扩大而迅速降低,同时也无法保证所得到的路径是最佳路径。

荷兰数据家 E. W. Dijkstra 于 1959 提出的标号设定算法(label setting algorithms)是理论上最完善、迄今为止应用最广的非负权值网络最短路径算法(Ahuja et al.,1990;Cherkassky et al.,1996),称 Dijkstra 算法。

图 $G=(V,E,A)$ 为一个具有 n 个顶点的赋值有向图,设 $u_0\in V$,寻找这样一个顶点集合 U,对所有的 $u\in U(u\in V)$,直到从 u_0 到 U 的最短路径。

基本 Dijkstra 算法如下:

初始化 d 与 p;

设 U 为 $NULL$;

当 V-U 不为空时

{

　　刷新 $d[i]$;

　　将 V-U 中的节点按从源点至该点的候选最短距离排序;

　　将最小距离节点 u 移入 U 中;从 V-U 中减去 u;

　　刷新 $p[i]$;

}

其中:

　　U 为已求出最短路径的节点的集合;

　　V-U 为未求出最短路径的节点的集合;

　　$d[i]$为源点 u_0 到每个节点当前求得的最短路径值;

　　$p[i]$为每个节点在最短路径中的前驱。

　　Dijkstra 算法在求解单源最短路径的过程中,还可以得到从起点到其他各节点的最短路径。该算法的时间复杂度为 $O(n^2)$。

6.3.3　基于层次空间推理的网络路径查询算法

现有公开发表的著作中,网络路径查询算法一般都是将网络作为一个整体,运用 Dijkstra 及改进的 Dijkstra 算法进行查询。基于层次空间推理是网络路径查询的一个发展趋势。层次空间推理是根据一定规则将问题按空间或任务划分而进行推理的空间推理方法(Car et al.,1994)。

6.3.3.1　基于层次空间推理的空间网络

Car 和 Frank(1994)发展了网络层次规则,将网络中路段按等级分为不同的类,层次以类划分,每个层次中均包括所有更高层次中的路段。图 6-4 为交通网络层次划分示意图。

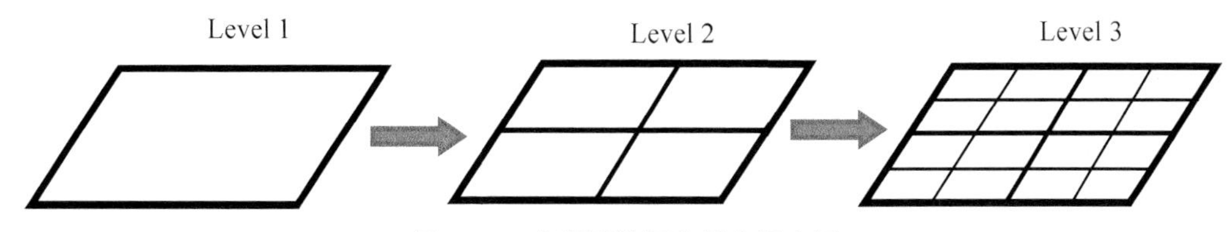

图 6-4　交通网络层次划分示意图

基于 Car 和 Frank 所提出的层次规则的最短路径算法比完全在同一层次上的算法效率高,但因为是一种有损算法,不能保证所求得的路径一定是最短的,得到的路径是一条可供选择的较优路径(陆锋等,1999)。

与 Car 和 Frank 所提出的层次规则不同的是 Jing 等人(1998)提出了空间上分区的层次规则网络算法。该算法采用空间上分区层次策略计算最短路径的基本思想是:把原网络分解成一系列小的分片网络,和一个分片边界网络;通过适当地构建分片边界网络,把对原网络的最短路径查询分解为一系列小网络的最短路径查询(Shekhar et al.,2003)。本书将对基于这种策略的网络查询进行分析与拓展。

层次网络将原网络分为两级表示。其中低一级的是划分的所有分片网络,高一级的是分片边界网络。

如图 6-5 所示,将原网络 G(图 6-5(a))分为 5 个分片网络(图 6-5(b)),每个分片网络可用一个复合节点描述(在 6.3.1.3 中定义的类 CLogicalNetwork),分片网络通过边界节点与相邻分片网络的边界节点相重合,如图 6-5 中 Frag3 的边界节点 3、4、5 分别与 Frag5 和 Frag2 相应边界节点重合。每一个分片边界网络由边界节点构成,如图 6-5(c)所示。分片的边界网络是完全连通的,分片边界网络的联线属性(长度)是对应分片网络中两个边界节点的最短路径长度。如图中节点 2、5 之间的长度即为分片网络 Frag3 中节点 2 到节点 5 间的最短路径的长度。

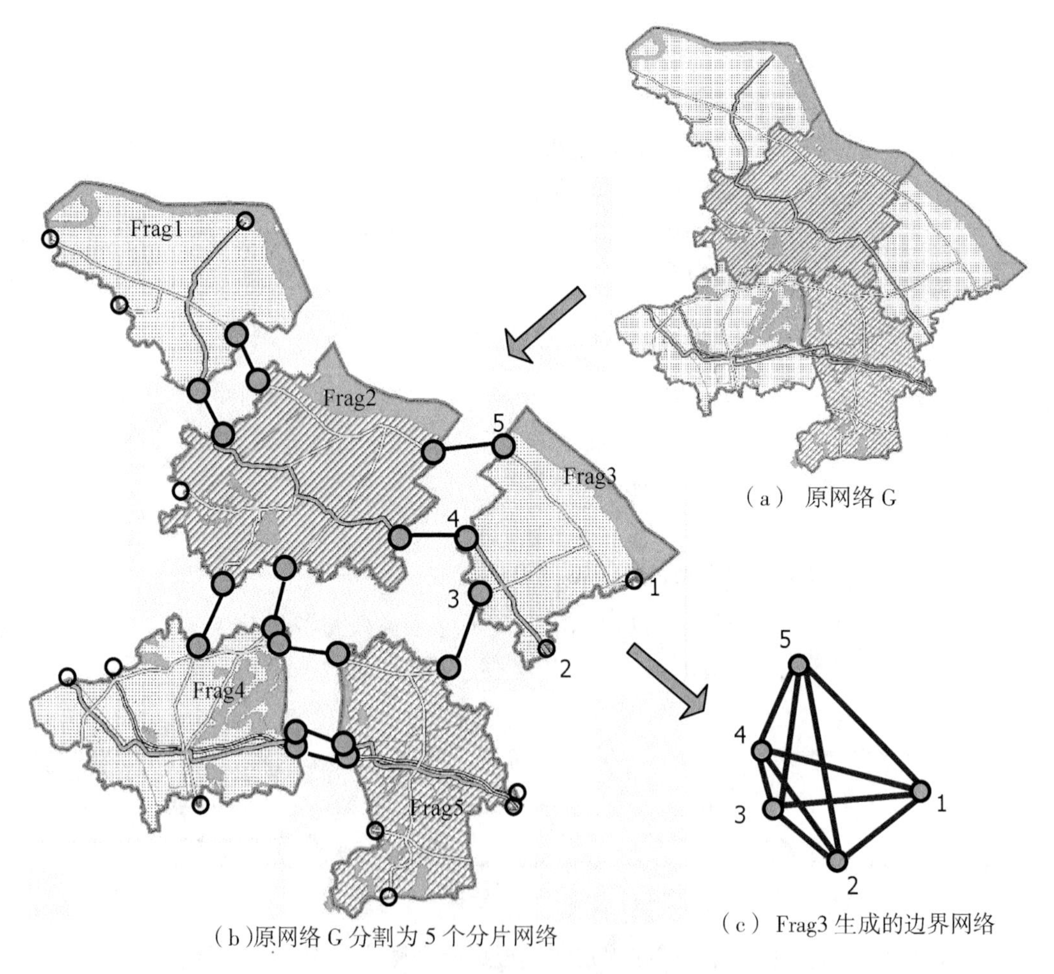

(a) 原网络 G

(b)原网络 G 分割为 5 个分片网络

(c) Frag3 生成的边界网络

图 6-5 网络分片示意图

在分片网络的基础上建立分片边界网络，如图 6－6 所示。图 6－6(a)为网络原图，图 6－6(b)的分片网络边界图，图 6－6(c)描述了原网络与分片边界网络的关系。

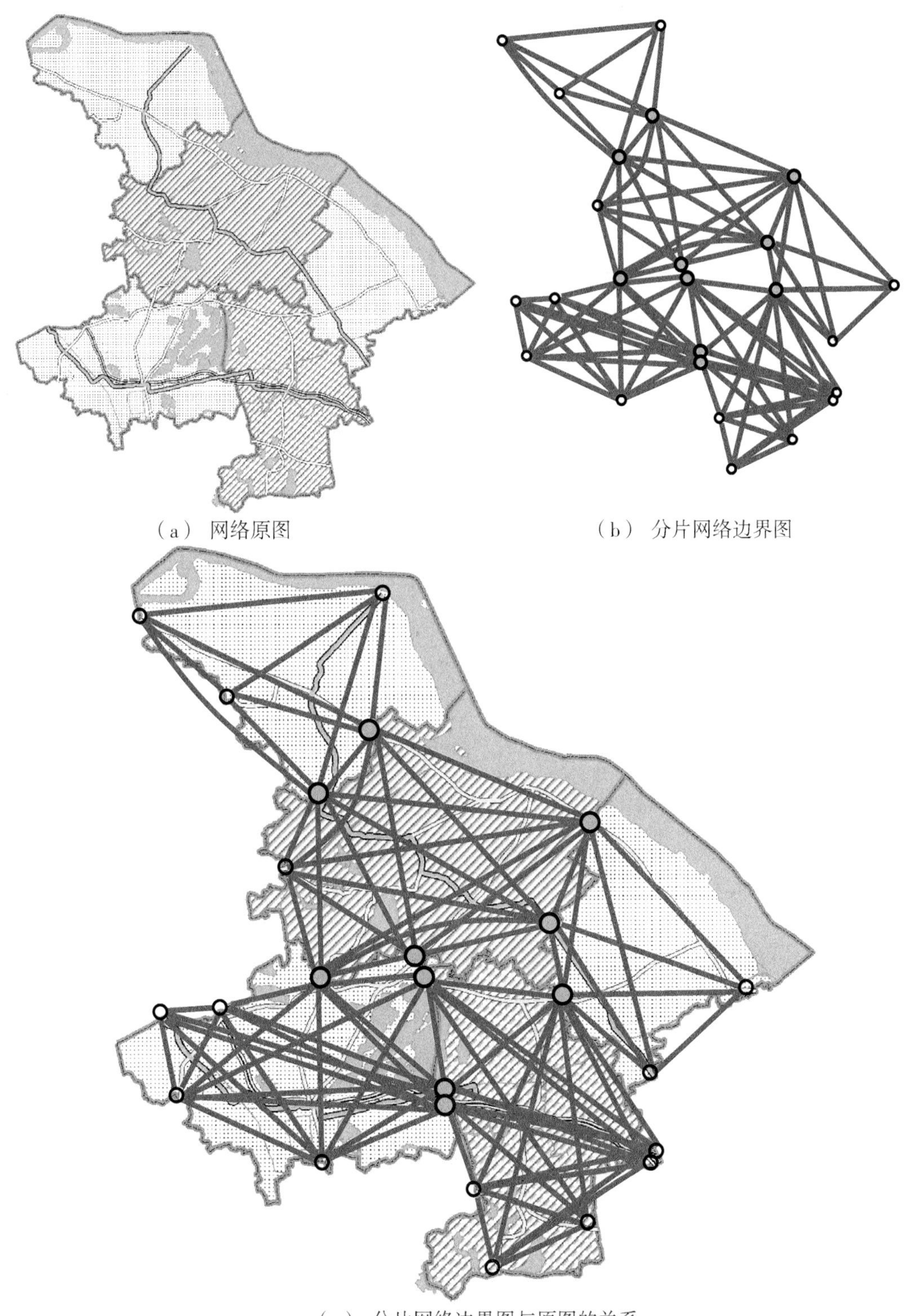

（a） 网络原图

（b） 分片网络边界图

（c） 分片网络边界图与原图的关系

图 6－6　网络原图与分片边界图的关系

空间分片层次路径查找算法的基础是 Dijkstra 算法，以下是查找起始节点为 s，到节点为 d 的主要步骤：

① 在边界网络中找到相关的边界节点对；

② 计算边界路径；

③ 扩展边界路径。

对于一个具有 n 个节点的空间网络，采用 Dijkstra 算法的时间复杂度为 $O(n^2)$。如将原网络分为 m 个片区，采用空间分片策略的算法复杂度为 $O(m*(n/m)^2+k^2)$（假设分片网络的大小相等）。由此可以分析得：空间分片层次路径查找算法，对于规模较小的空间网络不仅效率不能提高，而且由于分为两个层次的网络，运行效率可能会降低。当用于超大规模的网络查询时，其可以大大提高查询的效率。

6.3.3.2 采用复合节点描述层次网络的路径分析

数字地球、数字国家、数字区域、数字省份、数字行业要求具有大范围、多尺度空间数据，交通网络的城乡一体化也是数字交通的发展趋势之一。城乡一体化的数字交通要求城市交通网络与公路网络实现无缝拼接，同样要求交通网络是一个多尺度、多层次的空间网络。

在第四章中已经介绍过，TFODM 的网络节点包括简单节点和复合节点，复合节点是由简单节点和联线构成的一种局部网络。在包括城市的大范围道路网络中，城市可用复合节点表示，描述一个城市的分片网络。这里提出采用复合节点描述的空间分片网络的路径查询方法。

如图 6－7 所示，把图 6－5 的 Frag4 分片网络作为复合节点，表示一个城市网络。在 6.3.1 中定义了复合节点（class CLogicalNetwork），从定义可以知道，复合节点是一个分片网络，它不仅存储了分片网络的节点和联线，而且存储了分片网络的边界节点和边界节点的邻接矩阵。由于复合节点是全连通的，所以邻接矩阵是稠密矩阵，在复合节点中采用邻接矩阵具有较高的效率。

具有复合节点的层次网络同样将原网络分为两级表示。其中低一级的分片网络本书称为复合节点网络，图 6－7(b)是复合节点表示的分片网络，只由简单节点和联线构成；高一级的本书称为复合网络，是由包括复合节点的边界、其他简单节点、联线组成的一种网络（图 6－7(a)）。

在作为一个概略的路径查询时，复合节点可作为一个简单节点查询，直接采用一般的查询算法即可；当要求城市内的详细路径时，查询时采用基于 Dijkstra 的算法。

以下是查找起始节点为 s，到节点为 d 的主要步骤：

① 如果 s 是复合节点网络中的节点，则在复合节点网络中查找 s 到所在复合节点网络每个边界节点的最短路径；

② 如果 d 是复合节点网络中的节点，则在复合节点网络中查找 d 到所在复合节点网络每个边界节点的最短路径；

③ 在复合网络中计算路径；

④ 如需要，对所求得路径进行扩展，通过查询，扩展复合节点网络边界路径。

如果 s 和 d 不是复合节点中的节点，不需要进行①②步，可直接采用 Dijkstra 的算法查找路径。否则，首先要在复合节点网络中查询，得出从源（或目的）节点到复合节点的所有边界节点之间的路径代价。然后在复合网络中进行查询，得出相应路径。

图 6-7 是两条最优路径 s_1 到 d 和 s_2 到 d 的查询结果。查询 s_1 到 d 的最短路径时，先在复合网络中查询得 s_1 经一个简单节点到 BN3→BN6→d。如需要对 BN3→BN6 在复合节点网络中扩展。查询 s_2 到 d 的最短路径时，首先查询 s_2 到复合节点边界节点 BN1、BN2、BN3、BN4、BN5、BN6、BN7 的最短路径，然后在复合网络中查询得 s_2 经复合节点的内部节点到边界节点 BN6 到 d 的最短路径。

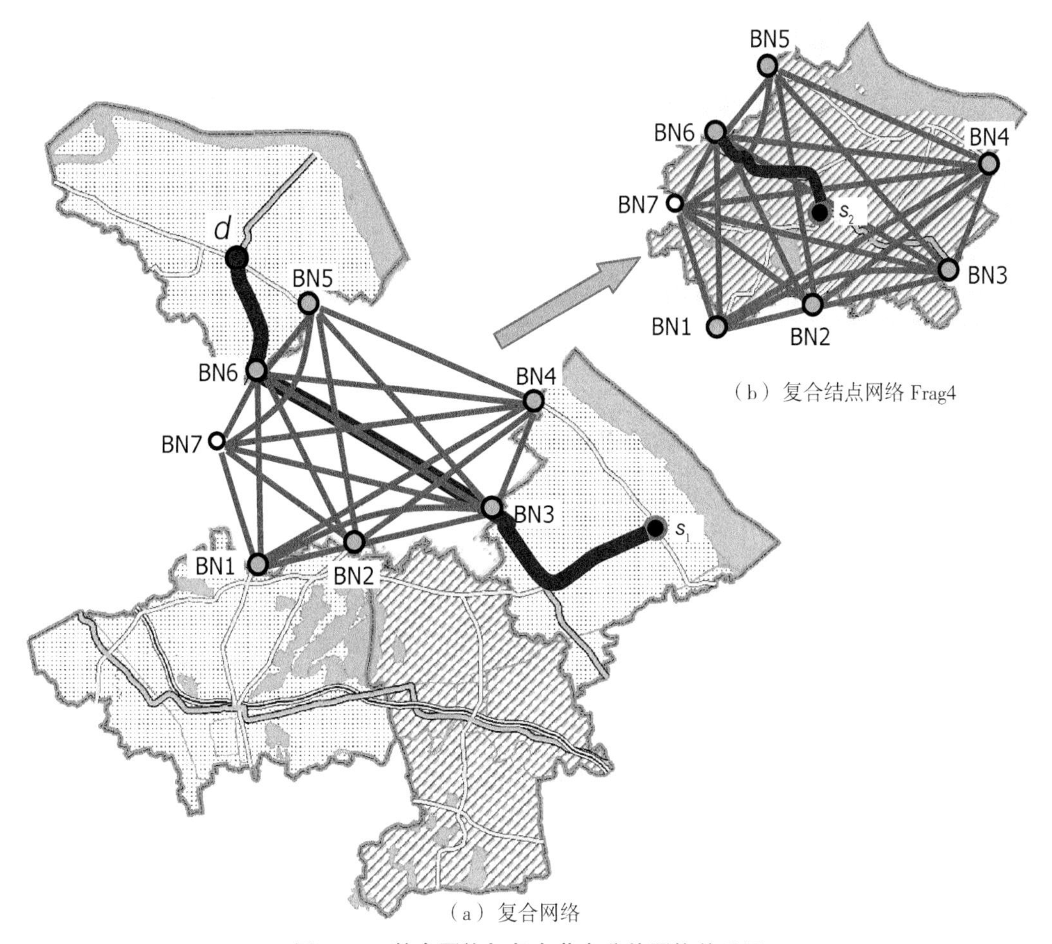

（a）复合网络

（b）复合结点网络 Frag4

图 6-7　整个网络与复合节点分片网络关系图

第七章　道路交通综合信息应用系统开发

根据TFODM概念数据模型、逻辑数据模型，作者团队设计了一个可应用于交通网络分析的TFODM物理数据模型和数据结构，实现了本书中所提出的空间网络的自动建立，所开发的系统已应用于相关研究项目的网络分析与规划，实践证明软件功能适合交通网络分析与规划的要求，空间网络建立方法适用、高效，具有较好的可靠性。

7.1　基于GIS的交通网络分析系统概述

基于GIS的交通网络分析系统由基于GIS技术的交通网络空间数据库输入与管理子系统，基于GIS技术的交通需求分析及预测子系统，交通网络交通流模拟分析及流量、速度、负荷、适应性预测子系统，基于GIS技术的交通网络分析预测成果可视化与输出子系统四部分组成。软件系统总体结构框架如图7－1所示。

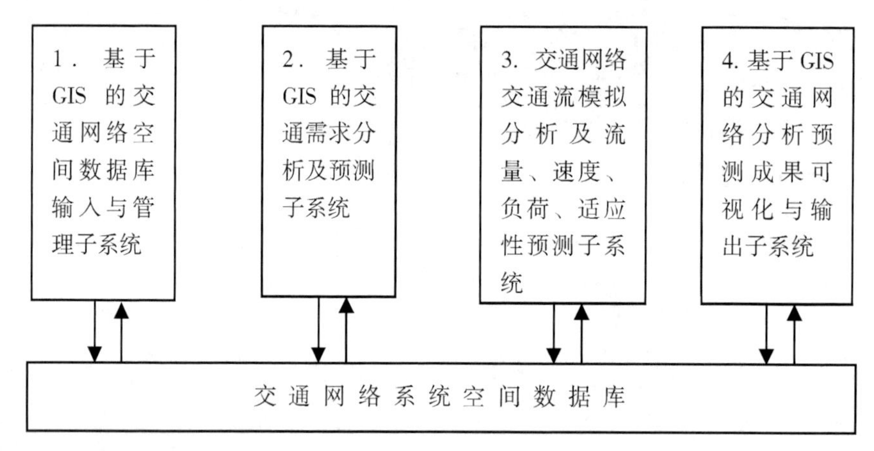

图7－1　总体框架

基于GIS技术的交通网络空间数据库输入与管理子系统是软件系统的基础部分，采用GIS可视化与空间网络管理技术实现交通网络空间数据库的建立、编辑与管理功能。

基于GIS技术的交通需求分析及预测子系统，交通网络交通流模拟分析及流量、速度、负荷、适应性预测子系统是交通运输网络系统规划、建设及管理的核心部分，主要实现交通需求分析与预测、交通网络交通流模拟分析与评价等功能。

基于GIS技术的交通网络分析预测成果可视化与输出子系统主要实现交通网络分析与规划成果数据的可视化屏幕显示输出、绘图仪、打印机打印输出等功能。

基于GIS技术的交通网络空间数据库输入与管理子系统、基于GIS技术的交通网络分析预测成果视觉化与输出子系统的主要功能是空间数据库的管理与可视化，是与GIS-T关系最密切的两个子系统，即空间数据库管理与视觉化子系统。

7.2　空间数据库管理与视觉化子系统概述

GIS-T 空间数据库管理与视觉化是交通网络分析系统的重要组成部分，是基于 GIS 可视化技术、空间网络管理技术的空间信息管理应用软件系统。两个子系统充分运用 GIS 的空间数据管理技术和空间信息视觉化技术，使交通规划与网络分析所需空间数据库的建立更加直观、高效、方便。其功能框图设计如图 7－2 所示。

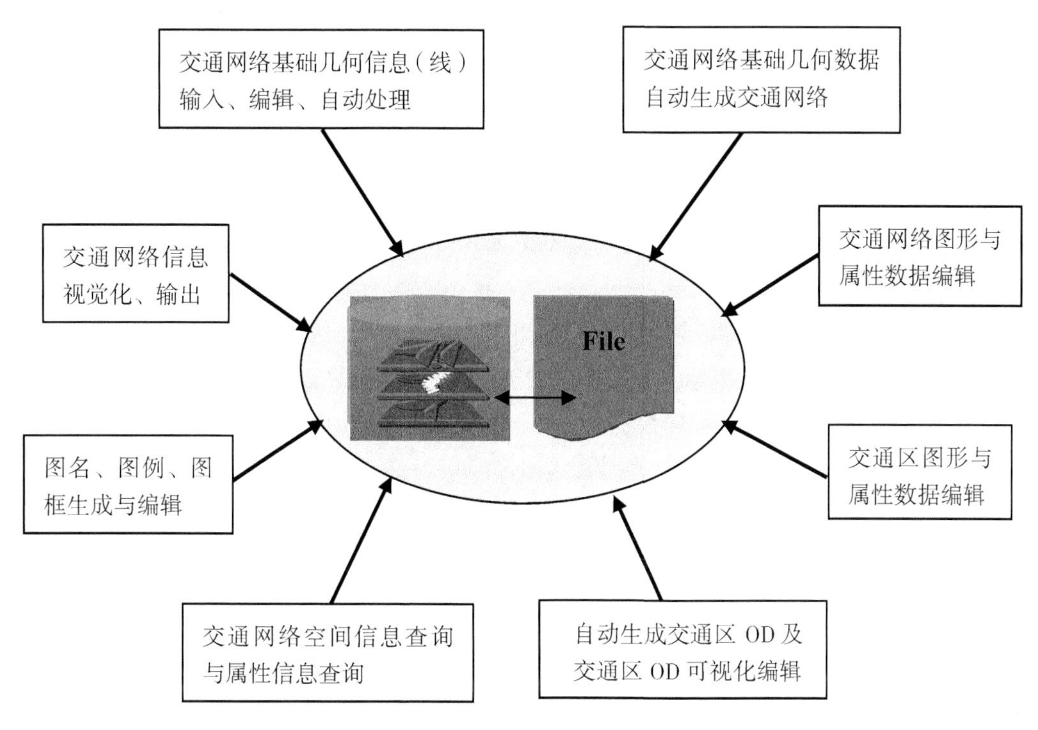

图 7－2　功能框图

7.3　空间数据库管理与视觉化子系统基本功能简介

空间数据库管理与视觉化子系统主界面如图 7－3 所示，系统顶层菜单由文件、查看、线编辑、网络编辑、网络查询、交通区编辑、OD 编辑、图面配置、设置和帮助等组成。“文件”实现空间数据库表(层)的新建、打开、存储操作，也可通过地图工程对空间数据进行相应的操作；“查看”实现图形的基本空间变换操作及工具条的显示与关闭；“线编辑”实现对空间几何网络的编辑与建立；“网络编辑”实现对拓扑网络的编辑；“交通区编辑”实现交通区的相关操作；“OD 编辑”实现对 OD 的可视化编辑；“图面设置”实现对输出图形的图名、图例、图框的自动生成与设置；“设置”实现有关系统的基本参数设置。

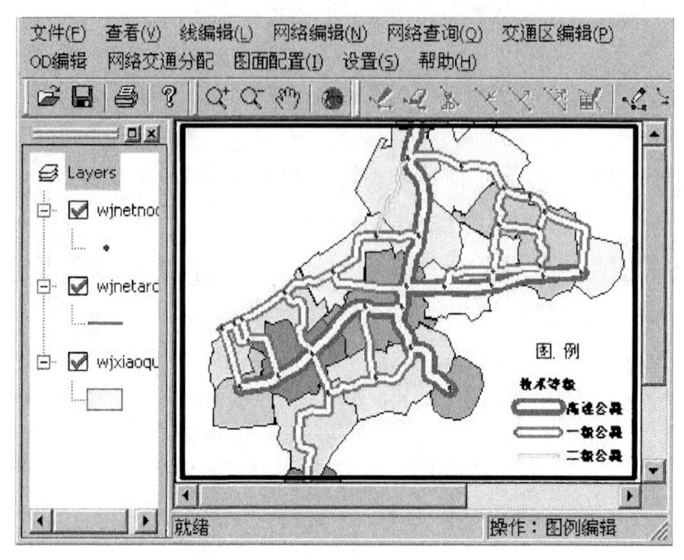

图 7－3 子系统用户界面

7.3.1 交通网络数据输入功能

空间数据库管理与输入子系统具有空间交通网络的输入与生成功能。首先输入无拓扑关系的交通网络面条数据(具有属性特征的几何线)，通过对几何线进行端点匹配、误差校正、自动剪断等处理，形成符合一定规则的几何网络。其次，通过线转网络，由软件系统通过几何网络自动生成具有空间拓扑关系的拓扑网络。

7.3.2 交通网络编辑功能

通过交通网络编辑，可以输入网络弧段，对交通网络几何形状进行编辑修改，网络弧段属性编辑，网络节点属性编辑。在编辑修改过程中，拓扑网络中的节点、联线拓扑关系由软件系统自动进行动态维护。

7.3.3 交通网络空间查询与属性查询功能

通过输入与编辑建立的交通网络(几何网络与拓扑网络)存储于空间数据库中，子系统可以进行由图形到属性的位置查询或由属性到图形的属性查询。

7.3.4 交通区建立功能

根据软件系统的交通区数据结构，运用图形输入技术，建立交通区。包括相应的几何数据(多边形)和属性数据。

7.3.5 交通区 OD 管理功能

根据已建立的交通区的空间与属性数据，自动建立交通区 OD 图，并可对交通区 OD 属性数据进行可视化编辑。

7.3.6　交通网络数据输出功能

在交通规划与分析成果输出子系统中，有功能较强的交通网络数据可视化显示、打印输出功能。本子系统中的输出功能主要针对交通网络空间数据的建库需求设立。可进行一般的图形显示、打印输出，属性数据表格显示输出。图 7－4 为系统的符号设置界面。

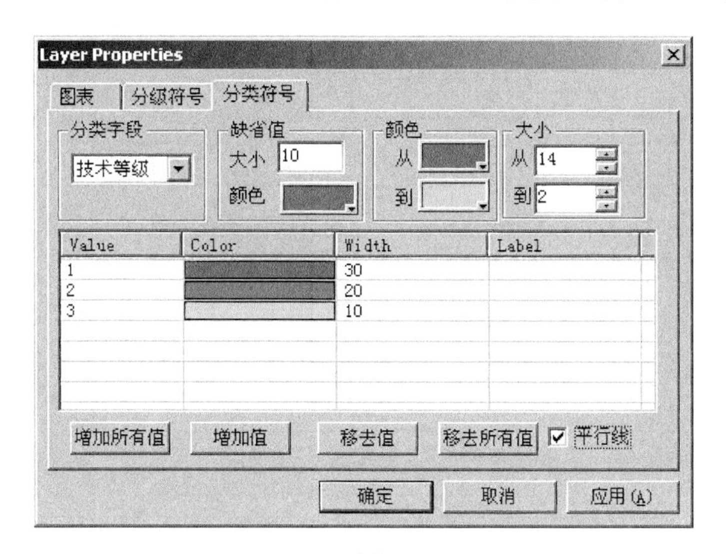

图 7－4　系统符号设置界面

7.4　空间网络处理技术方法

空间网络的建立是 GIS-T 空间数据库建立的基础，也是花费时间最多的一项工作，不同的应用系统提供了不同的空间网络建立方案。现有的空间网络生成方法一般是针对地理网络进行设计的，由于交通空间网络有其自身的特殊性，针对交通空间网络，基于交通要素，从提高自动化效率、减少数据的输入量等方面考虑，提出了一种空间网络数据输入、生成技术方法。它可以高效地建立交通空间网络。

7.4.1　空间网络生成过程

建立空间网络是建立其他交通要素的基础。在空间数据库管理与视觉化子系统中，空间网络数据处理流程如图 7－5 所示。主要包括两部分：一部分是几何网络的编辑生成，另一部分是拓扑网络的生成编辑。几何网络的编辑生成包括：初始交通要素数据的输入，初始交通要素数据整理、剪断，清理数据。拓扑网络的生成编辑包括：生成拓扑网络，拓扑网络编辑等。

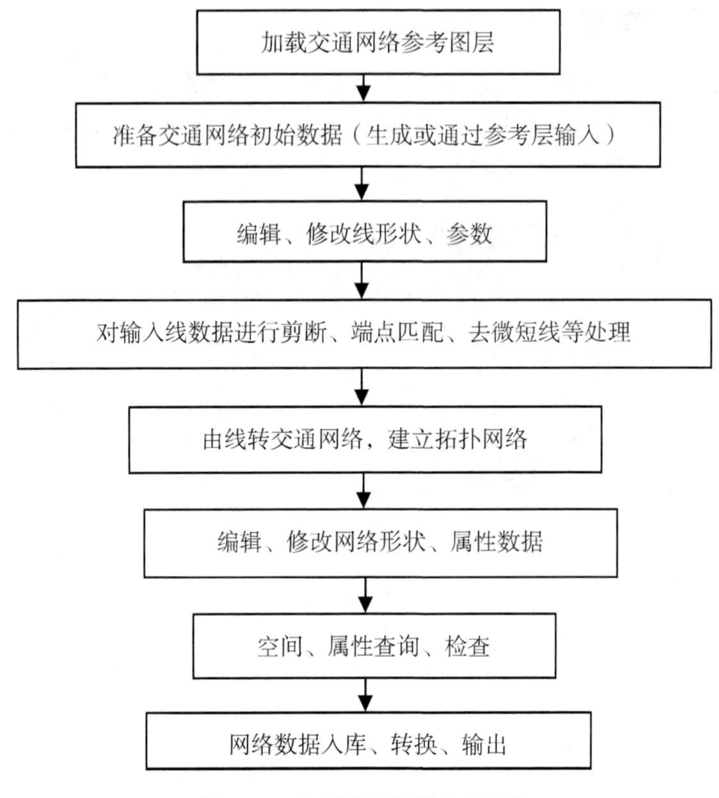

图 7－5　空间网络数据处理流程

7.4.2　几何网络数据处理方法

几何网络是空间网络的基础，是描述线性交通要素几何位置和生成拓扑网络的初始数据。因此，生成规范空间网络的基础首先是生成规范的几何网络。

如图 7－6 所示，几何网络是由初始交通要素生成的。在应用系统中，初始的几何网络不仅存放几何数据，而且存放相关属性数据，一条道路可能是由几条几何网络边构成，同一条道路(由几条路段组成)中有些属性(如名称、行政等级、技术等级等)是完全一致的，为了提高建库效率，这些信息在初始数据中完成编辑工作。

TFODM 几何网络采用基于交通要素的非平面数据模型，由连接点(junction)和边(edge)组成，几何网络的生成即生成合理的连接点和边要素，生成几何网络的连接点和边要素时应遵循以下原则：

① TFODM 的几何网络可以是二维(x,y)或三维(x,y,z)空间几何数据，边要素在空间上(二维或三维)不相交，当边要素在空间相交时应进行相应处理。在交通网络中，道路的交叉有平面相交和立体相交。当线性交通要素是平面相交时，剪断为两条边要素；当线性交通要素为立体相交时，根据它们的连通性确定是否剪断。

② 边要素是简单边。边几何形态是自身不相交的简单曲线。

③ 一条边与两个连接点相连。一个连接点必定是一个或多个边的起点或终点，每条边必定与两个连接点相连。

路网原始数据

FeatureID	编码	名称	行政等级	geometry
0001	312	高速路	国道	
0002	204	纬一路	县道	
0003	315	纬二路	省道	
0004	156	经二路	省道	

根据基于交通要素的非平面数据模型的表达要求，对交通要素初始数据进行剪断，端点匹配处理，生成几何网络。

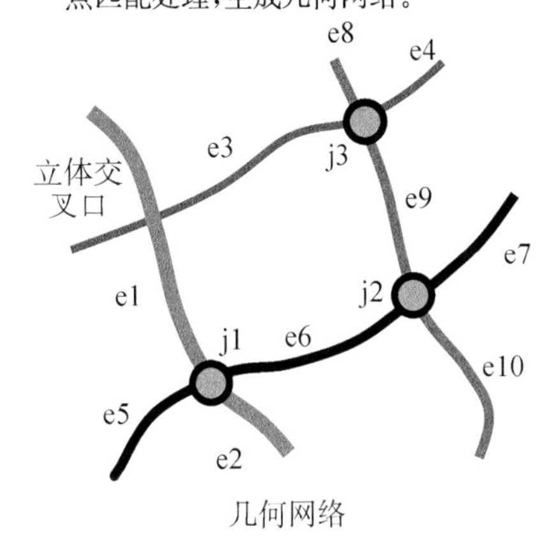

几何网络

EdgeID	编码	名称	行政等级	geometry	交通量
e1	312	高速路	国道		
e2	312	高速路	国道		
e3	204	纬一路	县道		
e4	204	纬一路	县道		
e5	315	纬二路	省道		
e6	315	纬二路	省道		
e7	315	纬二路	省道		
e8	156	经二路	省道		
e9	156	经二路	省道		
e10	156	经二路	省道		

图 7-6　几何网络生成示意图

根据几何网络生成原则，生成几何网络前必须对初始数据进行整理。整理的内容主要包括：根据面向交通要素的非平面数据模型的要求，对初始数据进行几何数据自相交处理，自动剪断，清除微短线、端点匹配等处理。

7.5　公路交通网络符号化技术方法

由于公路交通网络采用 GIS 的空间网络描述，使网络的符号化更加直观、灵活。根据不同路段的属性(如技术等级、行政等级、交通量等)，可用不同等级的线状符号表示几何网络，用柱状图、饼图表示交通区的各种交通指标的构成。

7.5.1　视觉化符号分类

空间网络由几何网络和拓扑网络组成。在开发软件系统中，交通几何网络存储交通网络的空间位置及一般的交通属性，拓扑网络中存储拓扑关系及各种路段基础数据和分析数据。拓扑网络联线、节点中的信息通过几何网络进行视觉化表现。空间网络的符号化主要是对几何网络的符号化。交通几何网络由路段(网络边要素、线状要素)和交叉口(网络连接点要素、点状要素)组成。因此,交通网络符号化中符号分为两类:一类是线状符号,一类是点状符号。对于交通区,可用面状符号表示。

交通网络中的路段用线状符号表示其属性。线状符号分为两种:一种是分级符号,另一种是分类符号。分级符号用于描述数值型属性(整型数据、实型数据),通过线状符号的粗细表示数值的大小。符号可以用实线和平行线表示,必要时可用不同的颜色表示不同的属性,如图 7-7 所示。分类符号用于描述字符型属性,如道路的技术等级、行政等级,如图 7-8 所示。

对于交通区、节点可通过柱状图、饼状图表示交通区的各种交通发生量,如图 7-9 所示。

用质底法表示的交通区图,如图 7-10 所示。

图 7-7　分级统计图

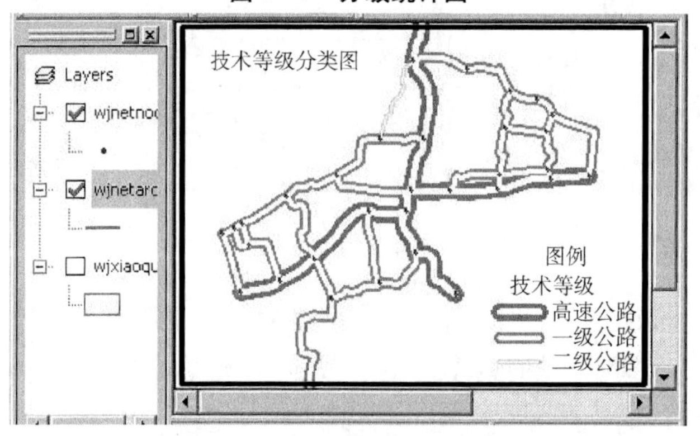

图 7-8　公路技术等级分类图

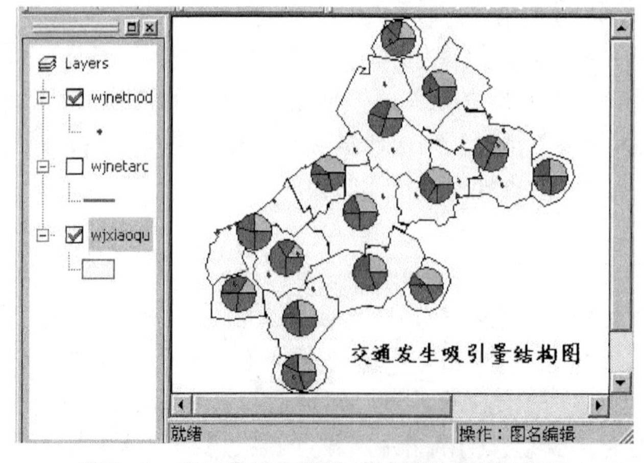

图 7-9　用于表示交通区、节点属性结构的饼图

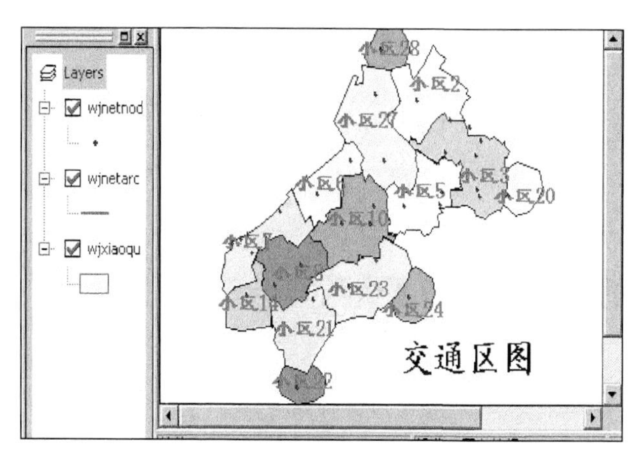

图 7-10　质底法交通区图

7.5.2　符号设置

系统的符号设置方式灵活机动，如图 7-11 是符号的设置对话框。对话框拥有三张属性页，分别为图表、分级符号、分类符号。图表属性页（图 7-11(a)）用于柱状图表、饼状图表的设置；分级符号属性页（图 7-11(b)）用于设置分级符号的相关参数；分类符号属性页（图 7-11(c)）用于设置分类符号的相关参数。

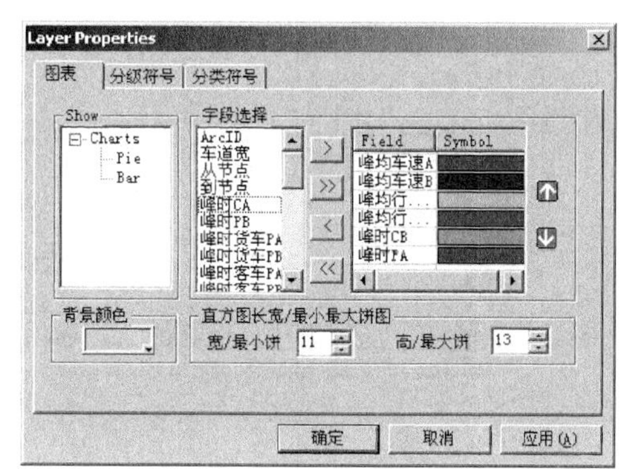

(a) 柱状图、饼图参数设置

(b) 分级图参数设置

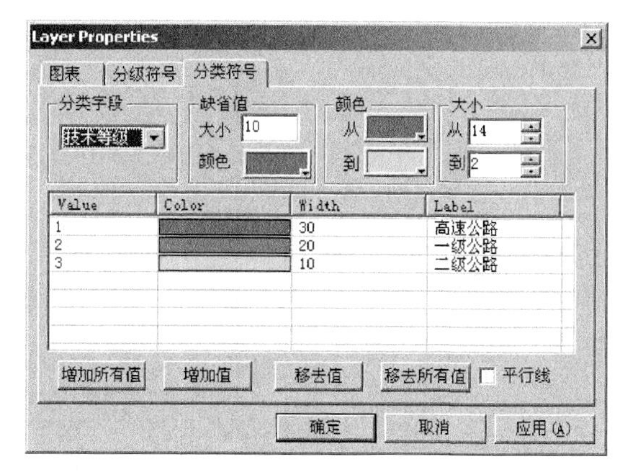

(c) 分类图参数设置

图 7-11　符号参数设置

7.5.3 图面配置

图面配置主要用于图框、图名、图例的设置。在设置过程中，图框、图名、图例的位置、范围、符号大小、字体大小通过鼠标进行调整，方便了图面范围的设定和符号大小的调整，更有利于非专业制图人员的操作。

7.6 TFODM 物理模型及应用系统数据结构

7.6.1 TFODM 交通网络分析物理数据模型

在交通网络分析应用系统中，网络分析是应用系统的基础。交通网络分析涉及交通空间网络、交通区(包括交通大区、交通中区、交通小区)。图 7-12、图 7-13 是交通网络分析系统的 TFODM 空间网络物理模型，模型用 UML 描述方法。在图中，方框表示数据库中的一个实体表，表中上部的阴影部分表示表的名称，表的主键下带有下划线。

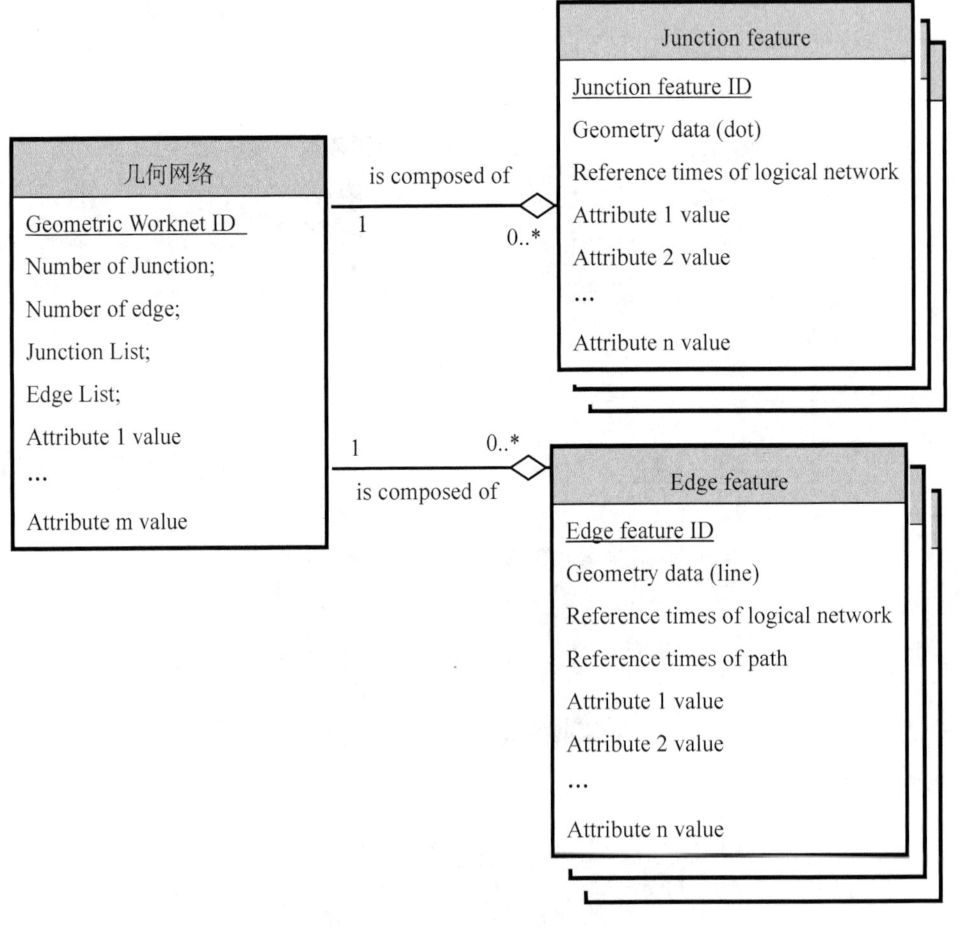

图 7-12 几何网络物理模型

图 7-12 中几何网络表存储几何网络类的相关数据，主要有几何网络标识，几何网络的

连接点数、边数以及整个几何网络的其他属性特征。几何网络标识是一个整型数值，用于唯一标识一个几何网络，在第五章中已进行了相关研究，TFODM时空数据模型是一个多基态修正数据模型。对于同一地区可能存在几个基态，几何网络不同的基态用几何网络标识进行区别。连接点数、边数用长整型说明，几何网络中有连接点和边的引用数据。其他属性用于描述几何网络的整体属性，如基态时间等。

边要素表(Edge feature table)中存储边的标识、边的几何位置数据、引用次数及相关属性。边标识是一个长整型数据，用于唯一标识一条边要素，是边要素表的主键。边的几何位置用一个Line(GIS中描述曲线的一个基本类型，有时用Polyline)类型描述，是由具有一定顺序关系的($x,y[,z][,m]$)坐标对组成。引用次数是一个整型数据，用于描述几何网络中边要素被拓扑网络引用的次数。属性是指如路段的等级、宽度、实际长度等描述数据，不同的属性用不同的数据类型描述。

连接点表(Junction feature table)中存储连接点标识、几何位置数据(一个几何点位)及其他相关属性。标识是连接点表的主键，长整型。几何位置用一几何点(dot或point)表示连接点的空间位置。引用次数是一个整型数据，用于描述几何网络中连接点要素被拓扑网络节点引用的次数。属性是对节点描述的相关数据。

图7-13中描述了拓扑网络物理模型，拓扑网络表包括拓扑网络标识、是否复合节点、节点数据、弧段数、该拓扑网络与其他网络的节点数及节点、其他网络属性(如网络生成时间、类型等)。拓扑网络标识是一个整型数据，用于唯一标识拓扑网络。是否复合节点是一个布尔量，用于说明拓扑网络是否是一个复合节点。复合节点本身是一个网络，所以复合节点必定与一个拓扑网络关联。

联线表包括联线标识、所对应几何网络中边的标识、开始节点、结束节点和其他属性数据。联线标识是联线表的主键。联线所对应几何网络中边的标识可用于在几何网络中索引相应的几何边要素。虽然拓扑联线表中没有直接描述几何数据，但可以通过几何网络中的边标识索引到对应的几何数据。

简单节点表包括节点标识、对应几何网络中连接点的标识、节点类型、对应复合节点标识、邻接联线数、邻接联线标识和其他属性。对应几何网络中的边接点标识用于索引对应的几何网络中的连接点。节点类型说明是简单节点还是复合节点。如果是复合节点则其标识存储在复合节点标识字段中。邻接联线数据表示邻接联线的条数，邻接联线的标识存放在邻接联线标识字段中。

复合节点表描述复合节点的相关数据，包括复合节点标识、拓扑网络标识、节点类型、邻接联线数、邻接联线标识和其他属性。拓扑网络标识用于索引与复合节点对应的拓扑网络。其他数据含义与简单节点相同。

路径对象物理模型如图7-14所示。包括路径标识、路径中包含的边数、路径中包含的边的标识及其他属性。

图7-15是交通区物理模型，交通区模型主要用于存储交通区的相关属性和交通区之间的OD。包括交通标识、引用的网络节点、几何数据及一般属性数据，该交通区与其他交通区之间的OD值。

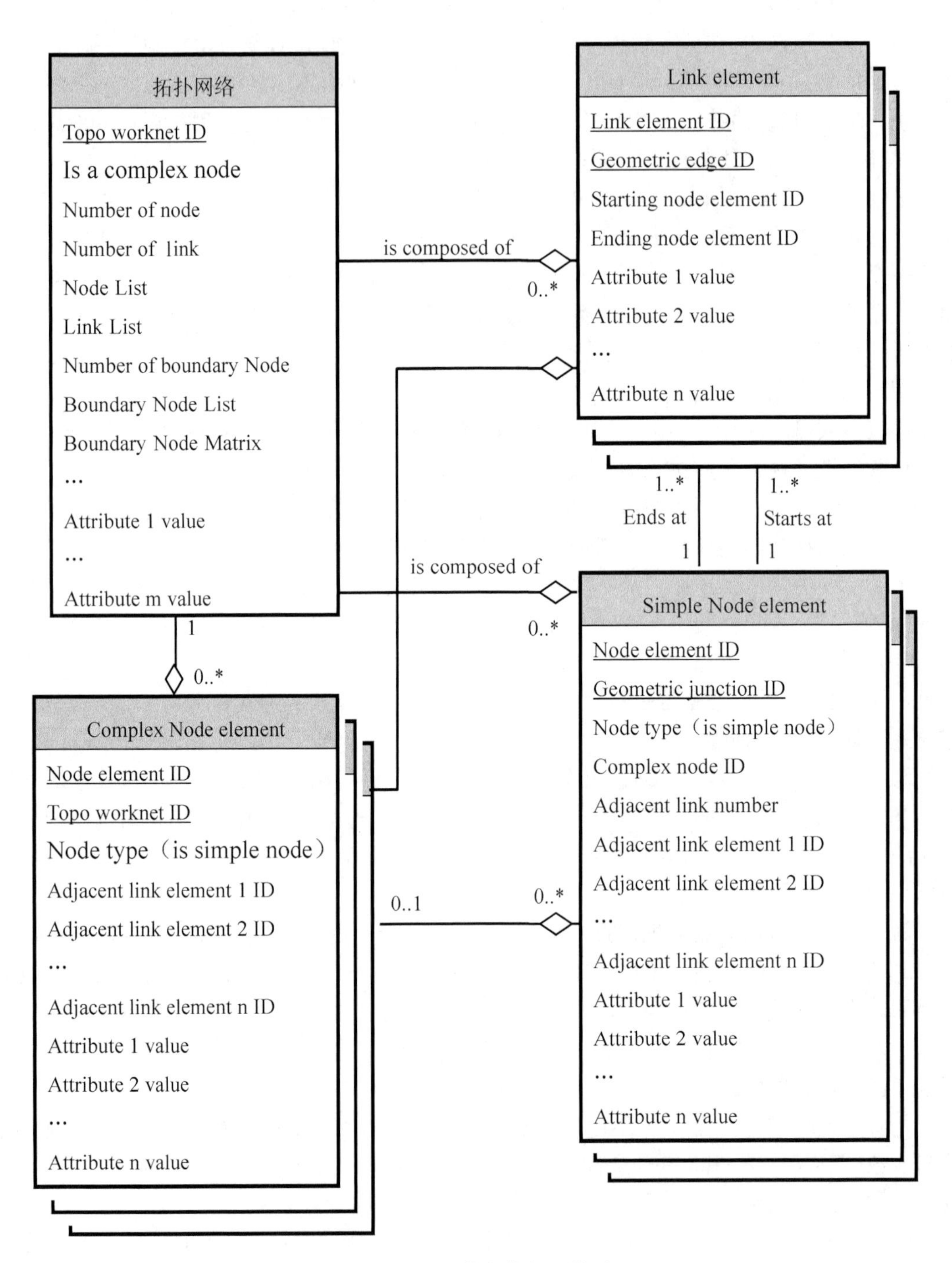

图 7－13　拓扑网络物理模型

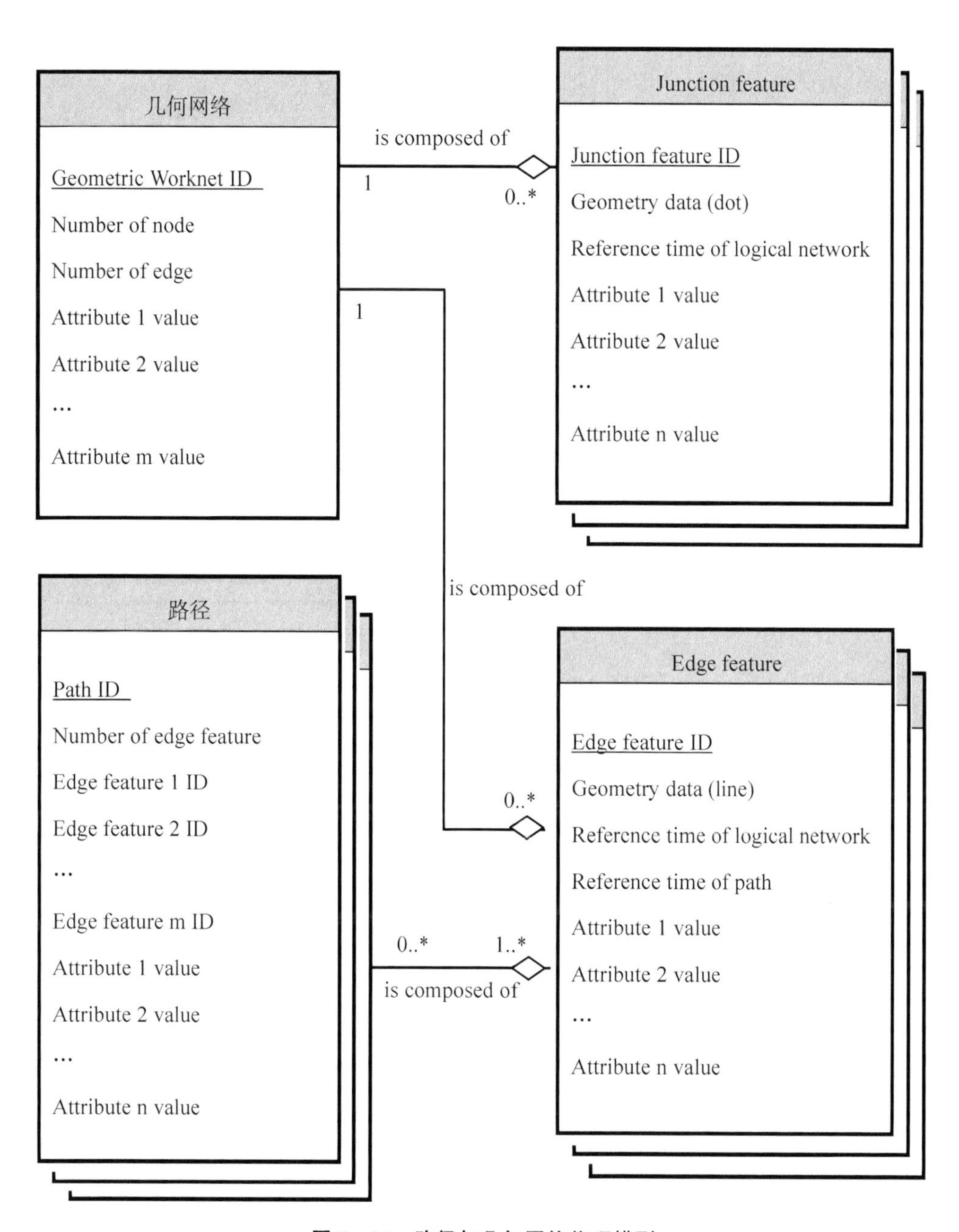

图 7－14　路径与几何网络物理模型

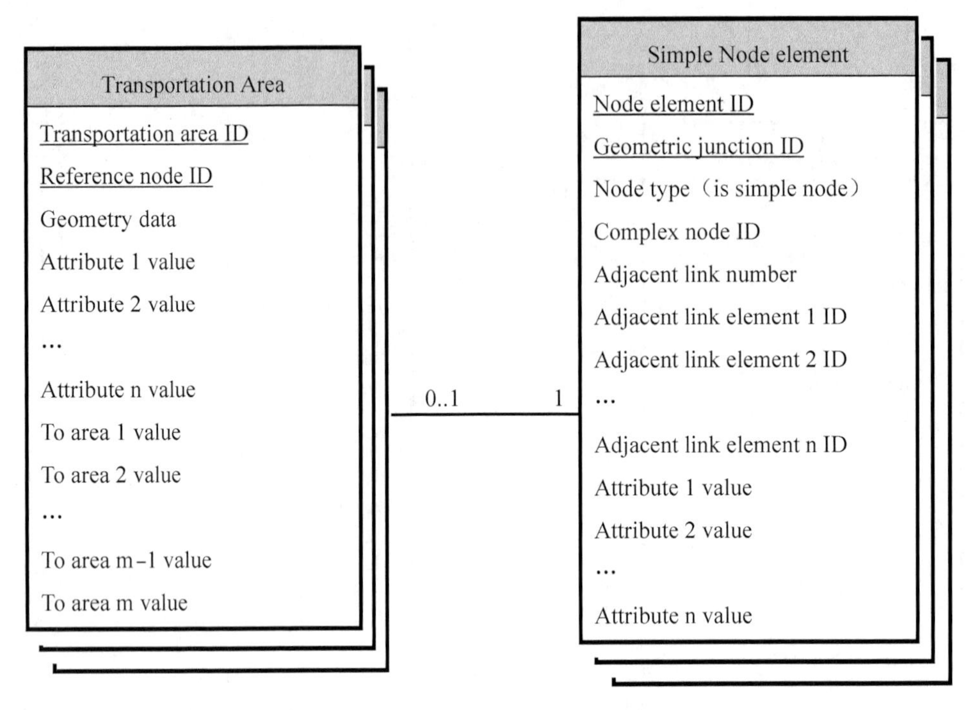

图 7－15　交通区与逻辑网络节点物理模型

7.6.2　应用系统数据结构

7.6.2.1　应用系统数据分类

在应用系统中，数据结构的设计必须满足交通网络分析与规划的要求。其数据按照几何特征可分为网络节点数据、网络路(弧)段数据、交通区数据、其他数据。

根据数据类型特征可分为几何数据、拓扑数据和属性数据。

在交通网络空间数据库中，节点数据包括节点几何位置矢量数据，节点编号、节点相邻弧段等拓扑数据，节点属性数据；路(弧)段数据包括几何位置矢量数据，路段编号、起始节点、终止节点等拓扑数据，属性数据；交通区数据包括几何数据，交通区编号、吸引量、发生量等数据；OD 数据包括各种出行 OD 矩阵。交通网络节点、路段、交通区和 OD 期望线，可以归结为点、线、面三类实体。

交通网络属性数据按其在交通分析中的作用可分为基础数据和分析数据。基础数据为交通分析做准备，从基础数据可得到交通网络结构和必要的属性描述。分析数据是在交通分析过程中生成的。空间数据库管理与建库子系统主要是建立基础数据数据库，网络分析子系统则是通过对基础数据的分析得到分析数据，输出子系统则是对基础数据和分析数据进行可视化，以一定形式显示输出、打印输出。

7.6.2.2　道路数据结构

① 节点数据

	字段序数及名称	数据类型	可否为空	缺省值	说明
拓扑数据	1. NodeID	长整型	否	无	从1开始,主键,自增
	2. 类型	短整型	否	无控交叉口	
	3. 相邻弧段	长整型	否	无	
基础数据	4. 节点统计范围	短整型	否	1	在统计范围内为1,否则为0
	5. 名称	字符串	是	“节点N”	10个中文字长
分析数据	6. 全日适应能力	长整型	是	0	单位:PCU/d
	7. 高峰小时通行能力	长整型	是	0	单位:PCU/h
	8. 全日交通量	长整型	是	0	单位:PCU/d
	9. 高峰小时交通量	长整型	是	0	单位:PCU/h
	10. 全日交通负荷	浮点型	是	0	保留两位小数
	11. 高峰小时交通负荷	浮点型	是	0	保留两位小数

② 路(弧)段数据

	字段序数及名称	数据类型	可否为空	缺省值	说明
拓扑数据	1. ArcID	长整型	否	无	从1开始,主键,自增
	2. 起始节点	长整型	否	无	外键,联系节点表
	3. 终止节点	长整型	否	无	外键,联系节点表
基础数据	4. 名称	字符串	是	“路段N”	10个中文字长
	5. 长度	浮点型	否	根据坐标计算	km,2位小数
	6. 车道宽	浮点型	否	根据公路等级	双向,m,2位小数
	7. 技术等级	短整型	否	二级公路	
	8. 设计车速	长整型	否	80	km/h,由技术等级决定
	9. 行政等级	字符串	可	省道	
	10. 路段统计范围	短整型	否	1	统计范围内为1,否则为0
	11. 路段收费信息	短整型	否	0	收费为1,否则为0
	12. 特殊路段阻抗	长整型	否	0	单位:分

（续表）

	字段序数及名称	数据类型	可否为空	缺省值	说明
分析数据	13. 全日适应能力	长整型	是	0	单位:PCU/d
	14. 高峰小时通行能力	长整型	是	0	单位:PCU/h
	15. 全日总交通量	长整型	是	0	单位:PCU/d
	16. 全日客车交通量	长整型	是	0	单位:PCU/d
	17. 全日货车交通量	长整型	是	0	单位:PCU/d
	18. 高峰小时总交通量	长整型	是	0	单位:PCU/h
	19. 高峰小时客车交通量	长整型	是	0	单位:PCU/h
	20. 高峰小时货车交通量	长整型	是	0	单位:PCU/h
	21. 全日交通负荷	浮点型	是	0	保留 2 位小数
	22. 高峰小时交通负荷	浮点型	是	0	保留 2 位小数
	23. 全日平均车速	浮点型	是	0	单位 km/h,保留 2 位小数
	24. 高峰小时平均车速	浮点型	是	0	单位 km/h,保留 2 位小数
	25. 全日平均行程时间	浮点型	是	0	单位:分,保留 2 位小数
	26. 高峰小时平均行程时间	浮点型	是	0	单位:分,保留 2 位小数

③ 交通区数据结构

	字段序数及名称	数据类型	可否为空	缺省值	说明
基础数据	1. 编号	长整型	否	无	从 1 开始,主键,自增
	2. 名称	字符串	是	“小区 N”	10 个中文字长
	3. 形心节点	长整型	否	无	外键,联系节点表
分析数据	4. 发生量 1	长整型	是	0	
	5. 吸引量 1	长整型	是	0	
	6. 发生量 2	长整型	是	0	
	7. 吸引量 2	长整型	是	0	

④ 小区 OD 矩阵

	字段序数及名称	数据类型	可否为空	缺省值	说明
编号	1. ID	长整型	否	无	主键，联系小区表
基础数据	2. 起始区	长整型	否	无	外键，联系小区表
	3. 终止区	字符串	否	无	外键，联系小区表
分析数据	4. 全日总 OD	长整型	是	0	单位：PCU/d
	5. 全日客车 OD	长整型	是	0	单位：PCU/d
	6. 全日货车 OD	长整型	是	0	单位：PCU/d
	7. 高峰小时总 OD	长整型	是	0	单位：PCU/h
	8. 高峰小时客车 OD	长整型	是	0	单位：PCU/h
	9. 高峰小时货车 OD	长整型	是	0	单位：PCU/h

参考文献

Adams T, Vonderohe A, et al. , 1998. Multimodal, Multidimensional Location Referencing system Modeling Issues[D]. Madison: University of Wisconsin-Madison.

Adams T, Koncz N, Vonderohe A, 2001. Guidelines for the Implementation of Multimodal Transportation Location Referencing Systems[R]. Research Report 460, National Cooperative Highway Research Program, Transportation Research Board, Washington DC.

Ahuja R K, Mehlhorn K, et al. , 1990. Faster algorithms for the shortest path problem[J]. Journal of the Association for Computing Machinery, 37(2): 213 - 223 .

Allen J F, 1984. Towards a general theory of action and time[J]. Artificial Intelligence, 23(2): 123 - 154.

Armstrong M P, 1988. Temporality in Spatial Databases[C]. In Proceedings of GIS/LIS'88, 2: 880 - 889.

Burrough P A, 1992. Are GIS data structures too simple minded? [J]. Computers & Geosciences, 18(4): 395 - 400.

Car A, Frank A, 1994. General principles of hierarchical spatial reasoning the case of way finding[C]. Proceedings of the 6th International symposium on Spatial Data Handling: 646 - 664.

Cherkassky B V, Goldberg A V, et al. , 1996. Shortest paths algorithms: theory and experimental evaluation[J]. Mathematical Programming, 73: 129 - 174.

Curtin K, Noronha V, Goodchild M F, et al. , 2003. ArcGIS Transportation Data Model(UNETRANS) [J]. ESRI Press: 1 - 18.

Dangermond J, 1982. A Classification of Software Components Commonly Used in Geographic Information Systems[C]. In Proceedings of the US-Australia Workshop on the Design and Implementation of Computer-Based Geographic Information Systems, Honolulu, HI.

Deighton R A, Blake D G, 1994. Improvements to Utah's location referencing, system to allow data integration[C]. The 3rd International Conference on Managing pavements: 97 - 107.

Deo N, Pang C Y, 1984. Shortest-path algorithms: taxonomy and annotation[J]. Networks, 14 (2): 275 - 323.

Dueker K J, Butler J A, 1997. GIS-T Enterprise Data Model with Suggested Implementation Choices[J]. URISA Journal, 10(1): 12 - 36.

Egenhofer M D, Frank A U, Jackson J P, 1989. A topological data model for spatial databases[C]. In SSD'89, Design and Implementation of Large Spatial Databases, First Symposium: 47 - 66.

Egenhofer M D, Herring J, 1990. A Mathematical Framework for the Definition of Topological Relationships[C]. Proceedings of the Fourth International Symposium on Spatial Data Handling, Zurich, Switzerland: 803 - 813.

ESRI, 1991. Network analysis: Modeling network system [R]. Environmental Systems Research Institute, Inc.

ESRI, 2000. Geodatabase Object Model[M]. New York: ESRI Press.

Fletcher D,1987. Modeling GIS Transportation Networks[J]. URISA Proceedings,2:84 - 92.

Fohl P,Curtin K M,Goodchild M F,et al. ,1997. Anon-planar,lane - based navigable data model for ITS [C]//Kraak M J,Molenaar M,eds. Proceeding of the 7th International Symposium on Spatial Data Handling. London:Taylor &Francis:423 - 435.

Gadia S K, 1988. A homogeneous relational model and query languages for temporal databases[J]. ACM Transactions on Database Systems, 13(4):418 - 448.

Goodchild M F, 1998. Geographic information systems and disaggregate transportation modeling[J]. Geographical Systems(5):19 - 44.

Goodchild M F,1999. GIS and Transportation:Status and Challenges[R]. The International Workshop on Geographic Information Systems for Transportation and Intelligent Transportation Systems,The Chinese University of Hong Kong.

Goodchild M F, 2000. GIS and Transportation: Status and Challenges [J]. GeoInformatica, 4 (2): 127 - 139.

Goralwalla I A,Özsu M T,Szafron D,1998. An object-oriented framework for temporal data models[M]// Etzion O,Jajodias. Temporal Databases: Research and Practice. New York:Springer:1—35.

Hickman C, 1995. Feature - Based Data Model and Linear Referencing Systems: Aid to Avoiding Excessive Segmentation of Network Links [C]. Proceedings of Geographic Information Systems for Transportation Symposium.

ISO Technical Committee 204,1999. Geographic Data Files Standard,Version 5. 0 ISO/WD 199907222 [S]. International Organization for Standardization.

Jing N,Huang Y,Rundensteiner E,1998. Hierarchical encoded path views for path query processing:An optimal model and its performance evaluation[J]. IEEE Transactions on Knowledge and Data Engineering, 10(3):409 - 432.

Khoshafian,Setrag,Baker A,Brad,1996. Multimedia and imaging databases[M]. San Francisco:Margan Kaufmann.

Klopprogge M R, 1981. TERM: An Approach to Include Time Dimension in the Entity-Relationship Model[C]. New York:North Holland Publishing.

Langran G,Chrisman N A,1988. A Framework for Temporal Geographic Information[J]. Cartographica, 25(3):1 - 14.

Leung Y, Leung K S, et al. , 1994. A generic concept-based object-oriented geographical information system[J]. International Journal of Geographical Information Science,13(5):475 - 498.

Li X, Lin H, 2006. A Trajectory oriented, carriageway-based road network data model, Part Ⅱ: Methodology[J]. Geo-spatial Information Science,9(2):112 - 117.

Mainguenaud M, 1995. Modelling the network component of geographical information systems[J]. International Journal of Geographical Information Systems,9(6):575 - 593.

Mendelzon A O, Wood P T, 1995. Finding regular simple paths in graph databases[J]. SIAM Journal on Computing, 24(6):1235 - 1258.

Mennis J L,Peuquet D J,Qian L,2000. A conceptual framework for incorporating cognitive principles into geographical database representation[J]. International Journal of Geographical Information Science, 14(6):501 - 520.

Michael N,2000. Demers,Fundamentals of Geographic Information Systems[M]. New York:John Wiley & Sons,Inc.

Miller H J,1995. GIS design for multimodal network analysis[C]. Proceedings of GIS/LIS:750－759.

Miller H J, 2000. GIS software for measuring space-time accessibility in transportation planning and analysis[C]. Presented at the International Workshop on Geographic Information Systems for Transportation and Intelligent Transportation Systems, the Chinese University of Hong Kong, Technical Session 3: Gis-T Research Issues.

Moreira, Viviane Pereira, Edelweiss, Nina, 1999. Schema Versioning: Queries to the Generalized Temporal Database System[C]. Florence: Institute of Electrical and Electronics Engineers.

NCHRP,1997. A Generic Data Model for Linear Referencing Systems[R]. NCHRP Research Results Digest218 Transportation Research Board, Washington DC.

Nicholas A. Koncz,2002. Development of A Multi-Dimensional Location Referencing System Data Model for Transportation Systems[D]. Madison: University of Wisconsin-Madison.

Nielsen O A, Israclsen T, et al. ,1997. GIS-based method for establishing the data foundation for traffic models[C]. Proceedings of ARC/INFO User Conference.

Nordbeck S, Rystedt B,1969. Computer cartography shortest route programs[R]. Technical Report, The Royal University of Lund, Sweden.

Nyerges T,1990. Location Referencing and Highway Segmentation in a Geographic Information System [J]. ITE Journal,60(3):27－31

Orda A, Rom R, 1990. Shortest-path and minimum-delay algorithms in networks with time-dependent edge-length[J]. Journal of the Association for Computing Machinery,37(3):607－625.

Pallotlino S, Scutella M G, 1984. Shortest path algorithms in transportation models: classical and innovative aspects[R]. Universita di Pisa.

Paul Scarponcini,1999. Generalized Model for Linear Referencing[C]. GIS'99: Proceedings of the 7th ACM Intemational Symposium on Geographic Information Systems:53－59

Peuker T, Chrisman N,1975. Cartographic data structure[J]. American Cartographer,2(2):55－69.

Peuquet D, Wentz E,1994. An approach for time-based analysis of spatio-temporal data[C]. Proceedings of 6th International Symposium on Spatial Data Handling:489-504.

Raafat, H, Yang Z, 1994. Relational Spatial Topologies for Historical Geographical Information[J]. International Journal of Geographical Information Systems,8(2):163－173.

Raper J, Livingstone D,1995. Development of a Geomorphological Spatial Model Using Object-Oriented Design[J]. International Journal of Geographical Information Systems,9(4):359－383.

Raper J F, Maquire D J,1992. Design models and functionality in GIS[J]. Computers & Geosciences, 18(4):387－394.

Robert L, Thompson D,1992. Fundamentals of spatial information system[M]. Pittsburgh: Academic Press.

Shaw W M,1993. Controlled and uncontrolled subject descriptions in the CF database: A comparison of optimal cluster-based retrieval results[J]. Information Processing & Management,29(6):751－763.

Shekhar S, Chawla S, 2003. Spatial databases: A Tour[M]. Upper Saddle River: Prentice Hall.

Smyth S,1992. A representational framework for route planning in space and time[C]. Proceedings of the 5th International Symposium on Spatial Data Handling:692－701.

Snodgrass R,1987. The temporal query language TQuel[J]. ACM Transactions on Database Systems, 12:247－298.

Sutton J, Wyman M, 2000. Dynamic Location: An Iconic Model to synchronize Temporal and Spatial

Transportation Data[J]. Transportation Research Part C,8:37－52.

Tang A Y,Adams T M,et al. ,A spatial data model design for feature-based geographical information systems[J]. International Journal of Geographical Information Systems,10(5):643－659.

Tang D M,Li X,Jiang Y J,2010. Microscopic Traffic Simulation Oriented Road Network Data Model [J]. 2nd International Conference on Future Computer and Communication(V2):87－91.

Teresa M. Adams. 1999. Model Considerations For A Multimodal, Multidimensional Location Referencing System[C]. GIST'99 Symposium,San Diego.

Tryfona N, Jensen C S, 1999. Conceptual Data Modeling for Spatiotemporal Applications [J]. GeoInformatica,33:171－181.

USDOT(U. S. Department of Transportation),1997. Intelligent transportation systems research centers of excellence program1993－1996 projects[R]. Federal Highway Administration.

Usery E L, 1996. A feature-based geographic information system model [J]. Photogrammetric Engineering & Remote Sensing ,62(7):833－838.

Vonderohe A P,Chou C L,Sun F,et al,1997. A Generic Data Model for Linear referencing Systems[R]. Research Results Digest 218. National Cooperative Highway Research Program. Transportation Research Board,Washington D C.

Vonderohe A P, Hepworth T D, 1998a. Analysis and Adjustment of Measurement Systems for Linear Referencing[J]. Journal of the Urban and Regional Information Systems Association,10(1):37－47.

Vonderohe A P, Hepworth T D, 1998b. A methodology for design of measurement systems for linear referencing[J]. URISA Journal,10(1):48－56.

Wolfgang Kainz,1991. A review of: "applications of spatial data structures: computer graphics,image processing,and GIS"[J]. Geographical Information Systems, 5:253－254.

Worboys M F, 1995. A geometric model for planar geographical objects[J]. International Journal of Geographical Information Systems,6(5):353－372.

Zeiler M,1999. Modeling Our World: The ESRI Guide to Geodatabase Design[M]. New York: ESRI Press.

Zhang T,Yang D G,Li T,et al. ,2011. An improved virtual intersection model for vehicle navigation at intersections[J]. Transportation Research Part C Emerging Technologies,(19):413－423.

边馥苓,1996. GIS 地理信息系统原理和方法[M]. 北京:测绘出版社.

蔡先华,2003. 面向变比例尺的空间基础数据结构模型研究[J]. 测绘通报(10):8－10,14.

蔡先华,武利,2004. 基于特征元的符号库数据结构及算法探讨[J]. 测绘学报,33(3):269－273.

曹桂发,傅俏梅,傅肃性,等,1995. 城市交通信息系统的设计研制:以北京市的系统开发为例[C]. 中国 GIS 协会 1995 年年会论文集:71－78.

曹志月,刘岳,2002. 一种面向对象的时空数据模型[J]. 测绘学报,31(1):87－92.

陈常松,何建邦,1999. 面向 GIS 数据共享的概念模型设计研究[J]. 遥感学报,3(3):67－72.

陈军,2002. Voronoi 动态空间数据模型[M]. 北京:测绘出版社.

陈军,陈沿超,唐治锋,1995. 用非第一范式关系表达 GIS 时态属性数据[J]. 武汉测绘科技大学学报, 20(1):15－18.

陈军,赵仁亮,1999. GIS 空间关系的基本问题与研究进展[J]. 测绘学报,28(2):95－102.

陈少沛,丘健妮,2013. 多模式城市交通网络拓扑集成模型及出行路径分析[J]. 测绘科学,38(6): 115－117.

陈少沛,谭建军,李英远,2009. 城市交通网络的多尺度地理信息系统数据建模[J]. 地理科学进展,

28(03):376－383.

陈述彭,鲁学军,周成虎,1999.地理信息系统导论[M].北京:科学出版社.

陈燕申,1996.地理信息系统在城市交通规划中应用的评述[J].地理信息世界(2):7－10.

陈钟明,闾国年,1995.GIS数据模型中多重属性关系的表达[C].中国GIS协会1995年年会论文集:340－345.

程昌秀,周成虎,陆锋,2002.Arc/Info 8中面向对象空间数据模型的应用[J].地理信息科学(3):86－90.

崔伟宏,1995.空间数据结构研究[M].北京:中国科学技术出版社.

地理信息系统名词审定委员会.地理信息系统名词[M].北京:科学出版社.

杜清运,1998.空间信息的结构、表达及其理解机制[J].武汉测绘科技大学学报,23(4):288－292.

符锌砂,郭云开,等,2007.交通地理信息系统[M].北京:人民交通出版社.

高建荣,1998.GPS车辆监控系统在公交车辆管理中的应用[C].中国GPS技术应用协会年会论文集:82－85.

龚健雅,1996.规范化空间对象模型与实现技术[J].测绘学报,25(4):309－314.

龚健雅,1997.GIS中面向对象时空数据模型[J].测绘学报,26(4):289－298.

龚洁辉,1998.最短路径算法的改进及面向对象的实现方法[J].解放军测绘学院学报,15(2):121－124.

桂智明,晏磊,严明,2003.线性参考系统和动态分段在GIS-T中的应用[J].计算机工程与应用(09):208－209,215.

郭鹏,孙艳玲,马寿峰,等,2011.面向交通事件管理的GIS-T数据模型[J].测绘通报(06):25－28.

郭仁忠,2001.空间分析[M].北京:高等教育出版社.

何建邦,蒋景瞳,1995.我国GIS事业的回顾和当前发展的若干问题[J].地理学报,50(增刊):13－22.

黄明智,张祖勋,1997.时空数据模型的N1NF关系基础[J].测绘学报,2:1－6.

黄卫,陈里得,2001.智能运输系统概论[M].北京:人民交通出版社.

黄杏元,汤勤,2002.地理信息系统概论[M].北京:高等教育出版社.

江斌,黄波,陆锋,2002.GIS环境下的空间分析和地学可视化[M].北京:高等教育出版社.

李爱勤,张巍,1995.面向对象的GIS数据结构与空间对象索引新机制[J].武汉测绘科技大学学报,20(增刊):43－49.

李德仁,1997.论RS、GPS与GIS集成的定义、理论与关键技术[J].遥感学报,1(1):93－97.

李红旮,1999.基于特征的时空三域数据模型及其在环境变迁中的应用[D].北京,中国科学院遥感应用技术研究所.

李莉,李力勐,2000.构建智能交通地理信息及定位平台[J].测绘科学,25(4):21－25.

李连营,李清泉,赵卫锋,等,2009.导航电子地图增量更新方法研究[J].中国图象图形学报,14(7):1238－1244.

李清泉,李德仁,1996.三维地理信息系统中的数据结构[J].武汉测绘科技大学学报,21(2):128－133.

李清泉,徐敬海,李明峰,2007a.导航地图数据模型研究现状与趋势[J].测绘信息与工程(06):22－25.

李清泉,杨必胜,郑年波,2007b.时空一体化GIS-T数据模型与应用方法[J].武汉大学学报:信息科学版,32(11):103－104.

李清泉,左小清,谢智颖,2004.GIS-T线性数据模型研究现状与趋势[J].地理与地理信息科学(3):31－35.

李晓桓,2003.数字化坐标的几何条件和插值[J].地矿测绘,19(1):3－5.

李英姿,张飞舟,林耀海,2000.智能交通系统中地理信息系统的研究[J].中国公路学报,13(3):97－100.

李沃璋，Loukes D，1996. GIS在交通应用中的探讨[M]. 宫鹏编. 城市地理信息系统：方法与应用：93－105.

李元军，1993. 地理信息系统在交通方面的应用[C]. 中国海外地理信息系统协会第一届学术讨论会文集，北京：科学出版社：373－379.

李志林，朱庆，2000. 数字高程模型[M]. 武汉：武汉大学出版社.

刘仁义，刘南，苏国中，2000. 时空数据库基态修正模型的扩展[J]. 浙江大学学报，27(2)：196－200.

陆锋，1999. 基于特征的城市交通网络GIS数据组织与处理方法[D]. 北京：中国科学院遥感应用研究所.

陆锋，2001. 最短路径算法：分类体系与研究进展[J]. 测绘学报，30(3)：269－275.

陆锋，卢冬梅，崔伟宏，1999. 交通网络限制搜索区域时间最短路径算法[J]. 中图图象图形学报，4A(10)：849－853.

陆锋，周成虎，万庆，2000. 基于特征的城市交通网络非平面数据模型[J]. 测绘学报，29(4)：334－341.

马军，马绍汉，1995. 最短路径树的计算与修改算法[J]. 计算机研究与发展，32(12)：45－49.

乔彦友，武红敢，1995. 地理信息系统中动态分段技术的研究[J]. 环境遥感，10(3)：211－216.

丘健妮，陈少沛，2010. 多模式城市公共交通网络GIS数据模型研究：以广州市为例[J]. 测绘科学，S1：105－107.

全国地理信息标准化技术委员会，ISO/TC 211国内技术归口管理办公室，2004. 地理信息国际标准手册[M]. 北京：中国标准出版社.

全国地理信息标准化技术委员会，中国GIS协会标准化与质量控制专业委员会，2004. 地理信息国家标准手册[M]. 北京：中国标准出版社.

任刚，2003. 交通管制下的交通分配算法研究[D]. 南京：东南大学.

任刚，王炜，2003. 基于GIS的交通网络可视化编辑平台的开发[J]. 公路交通科技，20(1)：85－88.

任江涛，张毅，李志恒，等，2001. 智能交通系统信息特征及亟待解决的相关问题[J]. 信息与控制，30(6)：550－554.

沈婕，间国年，2002. 动态分段技术及其在地理信息系统中的应用[J]. 南京师大学报(自然科学版)，(04)：105－109.

沈志云，2001. 交通运输工程学[M]. 北京：人民交通出版社.

石建军，许国华，何民，等，2004. 交通地理信息系统数据模型的研究进展[J]. 北京工业大学学报，30(3)：318－322.

史其信，陆化普，1998. 中国ITS发展战略构想[J]. 公路交通科技，15(3)：13－16.

舒红，陈军，史文中，1998. 时空数据模型研究综述[J]. 计算机科学，25(6)：70－74.

孙志忠，袁慰平，闻震初，2003. 数值分析[M]. 南京：东南大学出版社.

田智慧，胡鹏，武舫，等，2005. 公路交通地理信息系统的查询技术研究[J]. 武汉大学学报(信息科学版)(04)：359－361.

王超，王泉，秦前清，等，2008. 动态分段技术在GIS-T中的应用研究[J]. 测绘信息与工程，33(02)：41－43.

王能斌，2000. 数据库系统原理[M]. 北京：电子工业出版社.

王炜，曲大义，朱中，2000. 城市交通网络综合平衡交通分配模型研究[J]. 东南大学学报(自然科学版)，30(1)：117－120.

王艳慧，陈军，蒋捷，等，2004. 道路网多尺度数据建模的初步研究[J]. 地理信息世界(3)：42－48.

吴立新，史文中，2003. 基于Quapa的无边界GIS与全球空间编码新方法[J]. 地理与地理信息科学，19(5)：1－5.

吴信才,杨林,周顺平,等,2008.支持多模式的复合交通网络模型研究[J].武汉大学学报:信息科学版,33(4):341-346.

萧世伦,1996.GIS于城市交通应用与研究课题探讨[M]//宫鹏.城市地理信息系统:方法与应用.中国海外地理信息系统协会-美国伯克利:83-92.

肖为周,李旭宏,徐乃强,2000.公路网络规划信息系统中时空技术研究与应用[J].公路交通科技,17(3):43-46.

谢彩香,刘召芹,储美华,等,2005.GIS-T中的数据模型进展研究[J].测绘工程,14(03):54-58.

徐建刚、杜德斌,1997.点线欧氏距离的GIS模型及其在城市地价区位分析中的应用[J].地理信息世界(2):18-21.

徐业昌,李树祥,朱建民,等,1998.基于地理信息系统的最佳路径搜索算法[J].中国图象图形学报,3(1):39-43.

严蔚敏,吴伟民,1997.数据结构(C语言版)[M].北京:清华大学出版社.

杨林,2008.支持多模式的复合交通网络模型及关键技术研究[D].武汉:中国地质大学.

杨晓光,2000.中国交通信息系统基本框架体系研究[J].公路交通科技,17(5):50-55.

杨兆升,刘红红,2000.地理信息系统在交通运输规划与管理中的应用研究[J].公路交通科技,17(2):30-32.

于晓桦,钟平,谭倩,2010.多模式复合交通系统网络模型构建[J].交通与运输,26:34-37.

赵鸿铎,李晔,姚祖康,2001.面向对象的GIS-T数据模型[J].公路交通科技,18(2):66-69.

张其善,吴今培,杨东凯,2002.智能车辆定位导航系统及应用[M].北京:科学出版社.

张小文,刘勇,潘小多,等,2002.交通地理信息系统的类型、方法及应用初探[J].遥感技术与应用,17(6):344-351.

张荣梅,2000.智能交通地理信息系统的设计与实现[J].计算机应用研究,17(2):97-98.

张锦,1999.面向对象的超图空间数据模型[J].测绘通报(5):13-15.

张山山,2003.面向对象的城市交通规划时空数据模型[J].计算机应用,23(6):57-59.

张师超,1992.时态数据库述评[J].计算机科学,19(03):37-43.

张巍,许云涛,龚健雅,1995.面向对象的空间数据模型[J].武汉测绘科技大学学报,20(1):18-22.

张克村,赵英良,2004.数值计算的算法与分析[M].北京:科学出版社.

张祖勋,黄明智,1996.时态GIS数据结构的研讨[J].测绘通报(1):19-22.

郑年波,陆锋,李清泉,2010.面向导航的动态多尺度路网数据模型[J].测绘学报,39(04):428-434.

朱庆,李渊,2007a.道路网络模型研究综述[J].武汉大学学报:信息科学版,32(6):471-476.

朱庆,李渊,2007b.面向实际车道的3维道路网络模型[J].测绘学报,36(4):414-420.